しくみ図解

プレス加工が一番わかる

加工の3形態から金型、材料、プレス機械まで

小渡邦昭 著

技術評論社

はじめに

紀元前4000年以前から、馬具・甲冑《かっちゅう》、飾り金具などの製作には、金属をたたいて加工する「鍛金《たんきん》」といわれる技法が用いられてきました。これは、「プレス加工」の源流ということができます。これらの技術に学問的なメスが入れられたのは、鍛金の歴史に比較するならばごく最近のことです。

一方、本書のテーマであるプレス加工においても、生産現場で実際に用いられているプレス加工技術について、後追いのように学問的な解明がなされているというのが現状です。

これは、プレス加工を実践する生産現場の技術者が、自らの努力と工夫、経験から構築した知識体系によって、難しいプレス加工技術が形作られてきたことを意味しています。

みなさんも実感されているように、多様で高精度な要求に対応するために、プレス加工技術は日々進化し続けています。それだけに、従来のように実践と経験によって優れたプレス加工技術者に成長するには、決定的に時間が足りません。

現場で奮闘する技術者のみなさんが、その足りない時間を補うためには、プレス加工の現場で起きている現象を、自らの言葉で理解しイメージするために必要な「基盤知識」を効率的に手に入れることが重要になります。

たとえば、金型でプレス加工が行われる際の薄板材料の変形具合を直接観察することが難しいとしたら、現場で起こる可能性のあるプレス加工の現象を「イメージする能力」をもつことは、プレス加工に従事する者にとって必要不可欠です。とくに初心者にとってこの能力を身につけることは、何よりも大切だといっても過言ではありません。

本書は、そのためのお手伝いをするべく執筆したものです。筆者が技術研修の講師に従事してきた経験から、多くの受講者が難しいと感じるプレス加工のいろいろな課題について、図・イラストや例え話を多用してわかりやすく解説しています。

みなさんが、プレス加工の現場である現象をイメージするとき、本書に書かれていることがその一助となればこんなに嬉しいことはありません。そして、本書を通してプレス加工の面白さを少しでも感じていただけることを心より祈っております。

小渡　邦昭

プレス加工が一番わかる
―加工の3形態から金型、材料、プレス機械まで―

目次

CONTENTS

第3章 プレス機械の基礎知識

第4章 被加工材の基礎知識

第5章 プレス加工の３形態 —抜き・曲げ・絞り—

コラム｜目次

第1章

プレス加工の基礎知識

みなさんの身の回りには、プレス加工で作られた多くの部品が組み込まれた家庭用品、家電製品、自動車などがあふれています。

残念ながら、これらが製作されている現場を直接目にすることはほとんどないと思いますが、今後も「ものつくり」を支え続けると思われる「プレス加工」について理解することは、ものつくりに従事する技能・技術者にとって必要不可欠なことです。

この章では、その第１歩としてプレス加工を俯《ふ》瞰《かん》してみましょう。

1-1 プレス加工とは

「プレス」をキーワードにしてひも解いていきます。プレス発表という言葉を新聞やテレビなどで見聞きしたことがあると思います。この言葉は、プレス加工と無縁ではありません。かつて新聞は、活字を組み上げて作った版（活版）にインクを塗り、その上に紙を置き圧力をかけて文字などを転写することで印刷されていました。それで「プレス（press）：押す、押して平らにする、押し進む、握りしめる、抱き寄せる」が、そのまま「新聞・報道」を意味するようになったといわれています（図 1-1-1）。つまり「**プレス加工**」とは圧力をかけて形を作り上げる加工法（**金属プレス加工**ともいわれます）で、素材である金属を強い力で**金型**に押しつけて変形させて望む形に仕上げています〈➡ p.24〉。

●生活に欠かせないプレス加工

身の回りを見渡すと、図 1-1-2 のように自動車をはじめ道路標識、ガードレールなど、多くのものがプレス加工で作られています。さらに白物家電といわれる冷蔵庫や洗濯機などの外装は、金属の薄板をプレスによって形を整えた筐体《きょうたい》でできています。パソコンなどの情報機器でも例外ではありません。目に触れない機械内部でも、強度を必要とされる箇所などに多くの金属プレス加工部品が使われています。プレス加工の大きな特徴は、大量生産を得意としていることです。製品の形状に合わせて作られた金型を使うと、均一の品質のものが数多く作れますから、高精度のものでも割安で製造できます。つまり、プレス加工は大量生産の代表格といえます。

プレス加工の生産現場では、プレス機械に取り付けられた金型が上下に動くたびに製品が作り出されていきます（図 1-1-3）。ただ、この瞬間を目にしても、金型を外側から見ているだけで、重要なプロセス（途中経過）を直接観察しているわけではありません。ですので INPUT（**素材**）と OUTPUT（**完成品**）のみに注目していると、プレス加工の理解は難しくなります。このことについては、これから順次解説していきます。

図 1-1-1　「press：プレス」とは

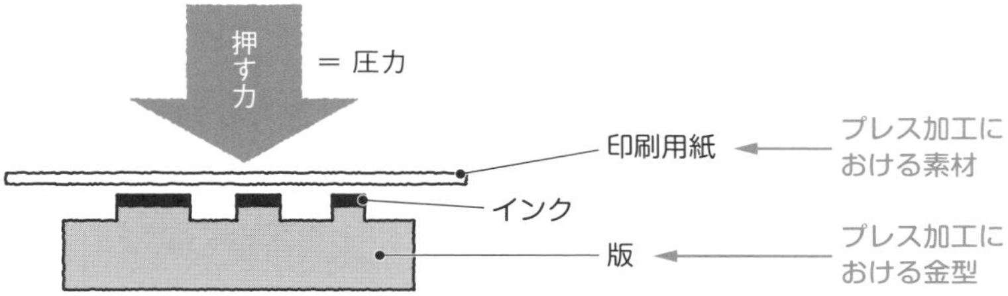

図 1-1-2　身の回りのプレス加工品

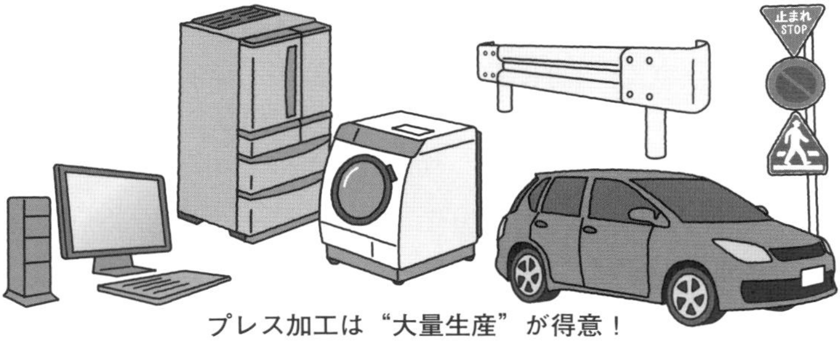

図 1-1-3　素材・完成品と金型

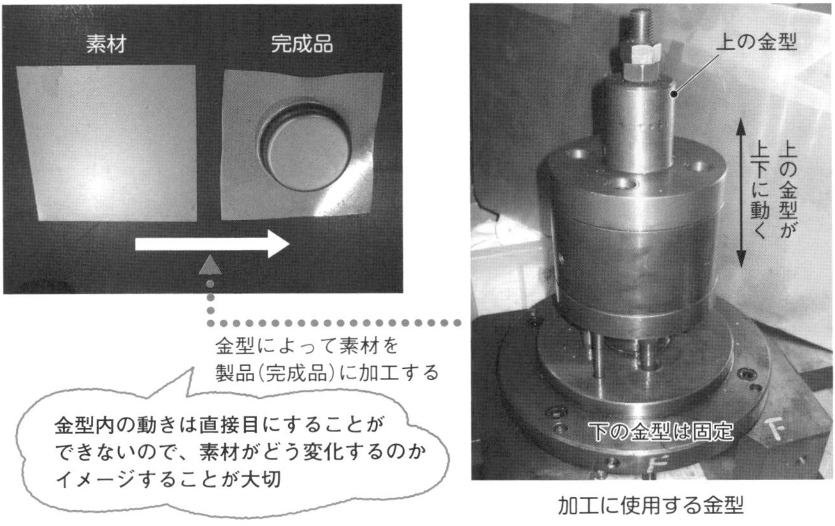

加工に使用する金型

1-2 プレス加工は金属加工法のひとつ

金属加工法にはいくつか種類があります。素材に対する加工プロセスに焦点を当てると、代表的な加工法は図 1-2-1 に示すように分類できます。

①除去加工（切削加工）

刃物（切削工具）を用いて、削ったり切ったりして不要な部分を取り除いて求める形状にします。

②変形加工（塑性加工）

金属の性質を活かし、素材に力を加えて金型などに押しつけることで求める形状にします〈➡ p.24〉。

③接合加工（溶接加工）

部分どうしを接合して製品形状を作ります。接合の仕方にはいろいろな方法があり、図で取り上げている溶接はその 1 例です。

プレス加工は**塑性加工**〈➡ p.74〉の 1 種ですが、他の加工法と比べることで特徴がみえてきます。紙工作との比較で、金属プレス加工のメリットを解説します。

●プレス加工のメリット

たとえば、コップ形状の紙製品を作る場合、1 枚の紙を無理やり同じ形状のコップに押し込んでも紙はしわしわになるだけで、コップにはなりません。それでは、どのようにすべきでしょうか。でき上がった紙コップをイメージして必要な手はずを検討し、底の部分と容器の壁を作ることが考えられます。つまり、❶不要な部分を切って削除する（**除去加工**）、❷必要な壁を作り上げるために曲げる（**変形加工**）、❸曲げた箇所の隣接する部分をつなぎ合わせる（**接合加工**）、というプロセスで作ることが考えられます。最後に、継ぎ目を接着することで構想したとおりの紙コップが完成します（図 1-2-2）。

一方、金属板からコップ状容器を作り上げる場合は、塑性加工によって形を作り上げるので、除去加工や接合加工は利用しません（図 1-2-3）。ひとつの工程だけで完成するので、製造する手間や時間がかかりません。

図 1-2-1　加工の分類例

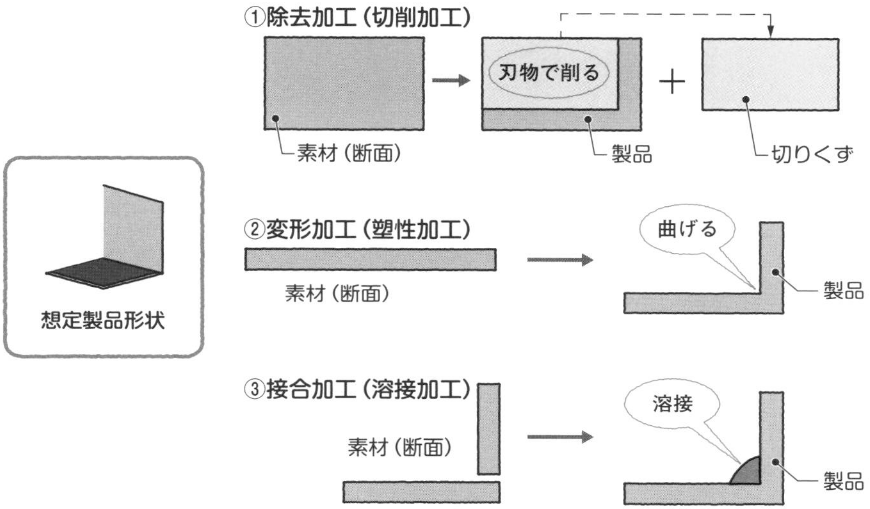

図 1-2-2　紙工作でコップ状容器を作る

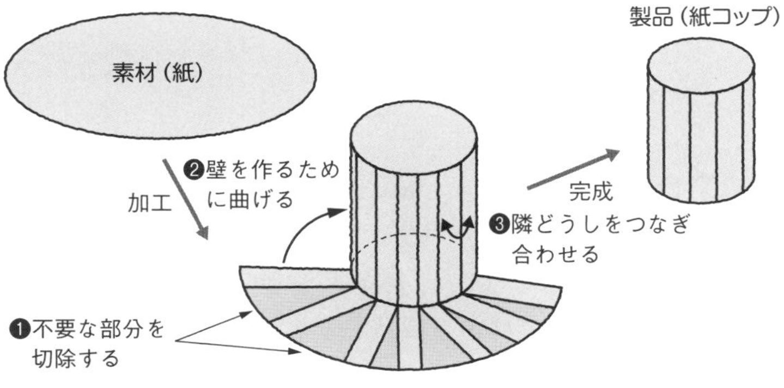

図 1-2-3　1 枚の金属板からコップ状容器を作る

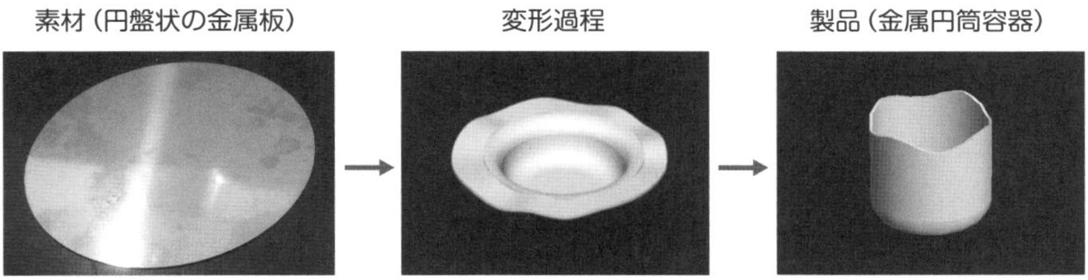

1-3 身近にあるプレス加工

●穴あけパンチとクッキー型

普段目にする身近な道具を例にして**プレス加工**を説明しましょう。これらを観察することで金属プレスの加工原理がわかってくると思います。

穴あけパンチは、書類などをファイリングするために穴をあける道具です。台の上に紙を置き、レバーを押して穴をあけます。この一連の動作にはプレス加工の要素が含まれています（図 1-3-1)。丸い穴をあけるパンチは、プレス加工では**金型**に相当します。穴があけられる紙は**素材**（**被加工材**）で、穴あけパンチでは人がレバーを押していますが、プレス加工では**プレス機械**がその役割をしています。

クッキーの抜き型からも、プレス加工をイメージすることができます（図 1-3-2)。この場合は、抜き型が金型に当たります。クッキー生地は被加工材で、型によって切り取られた生地は製品です。抜き型は人の手によって押されますが、穴あけパンチと同様にプレス加工では機械がその役割を担っています。

●プレス加工の動作：「切る」「曲げる」「形を作る」

身近な言葉を使ってプレス加工の動作を表現するなら、金属板を「切る」「曲げる」「形を作る」ことで、求める形に作り上げているといえます〈➡ p.88〉。**切る**とは、被加工材から製品を分離することで、穴あけや切断などがあります。**曲げる**とは、被加工材の角度を変えることで、V 曲げ、L 曲げ、U 曲げ、Z 曲げなどがあります。アルファベットの形からどのような加工か推測できると思います。**形を作る**とは、被加工材を求める形状に変えることで、前項の金属コップは絞り加工〈➡ p.120〉という方法で作られます。

工業製品の製造方法を選ぶ場合、

・機能を満足すること

・加工可能な形状であること

・生産機械や材料の調達が容易であること

・検査項目（良品か不良品かの判断）が決められること
・生産性や価格
などを検討した結果、優位性が認められたものが選択されます。
　プレス加工は、上記の要件を満たす加工法のひとつといえるでしょう。

図 1-3-1　穴あけパンチと金属プレス加工

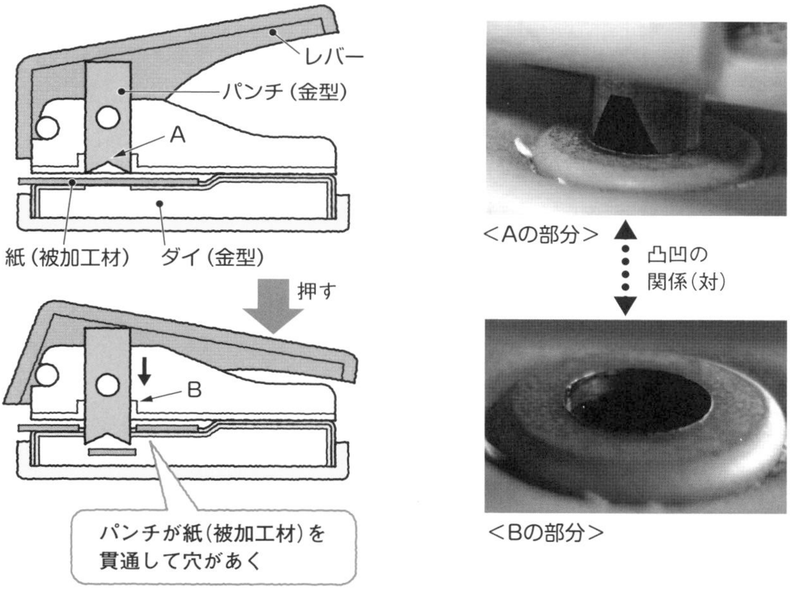

図 1-3-2　星型クッキー作りと金属プレス加工

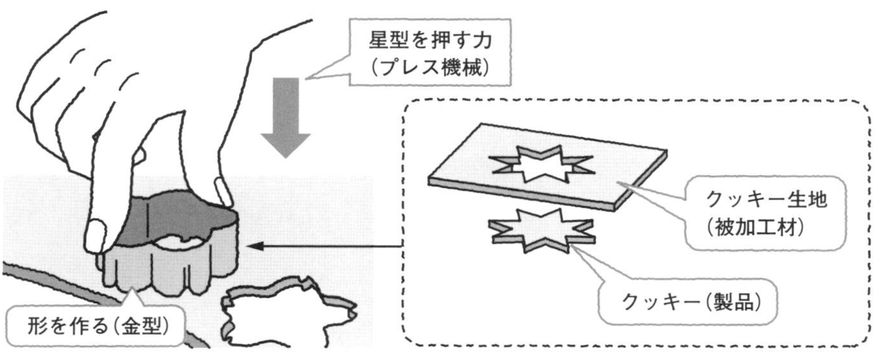

1-4 材料の形を変える —2次元形状から3次元形状に

前項でも述べましたが、プレス加工に用いられる**素材**は**被加工材**ともいいます。この呼び方は、金型本体を作る材料（素材）と区別するためでもありますが、被加工材は基本的には金属製の平板です。プレス加工では、この平板から奥行きのある立体形状の製品を作り出しています。

たとえば、自動車のボディやドア、フェンダーなどはどれも3次元構造をしています。金型を使って加工することで、平面から曲面の個性ある造形を生み出しているのです（図1-4-1）。

ここで、身近な製品を事例として取り上げ、金属薄板が3次元形状へ変形するプレス加工の原理を見てみましょう。

コンビニエンスストアなどで売られているお弁当には、総菜が混ざらないようにアルミホイル製の円形容器が効果的に使われています。その容器にはヒダがついています。この容器を、ヒダを伸ばすようにして広げると、容器は円盤状の形状に展開されます（図1-4-2）。

●変形具合をコントロール

金属プレス加工でも円形の容器を作る際は、同じような円盤形状の被加工材から作り上げられます。ただし、実際の金属プレス加工では、ヒダがない形状が求められることが一般的です。プレス加工では薄板を成形すると説明してきましたが、被加工材自体は十分な強度をもっており、補強などを必要としないからです。

それでは、アルミホイルと金属板の加工の仕方を比較します。

◉アルミホイルの加工

図1-4-2でみたように、ヒダを作ることで円形を形作っています。また、加工前後の外（ヒダの先端）の長さは変化していません。つまり、加工前後の外周の長さとヒダの長さは同じです。

◉金属板のプレス加工

加工前の材料の外周長さと円筒容器に加工された後の縁の外周長さは、あきらかに違っています。外周長さが減少することで成り立つ加工です〈➡ p.13・図 1-2-3〉。つまり、金属プレス加工は、金属板の形状が3次元的に変形することが必要です。この変形をコントロールすることで円形の被加工材から円筒容器を作り上げることが可能になります。

図 1-4-1　自動車の3次元構造

図 1-4-2　アルミホイル製円形容器の展開

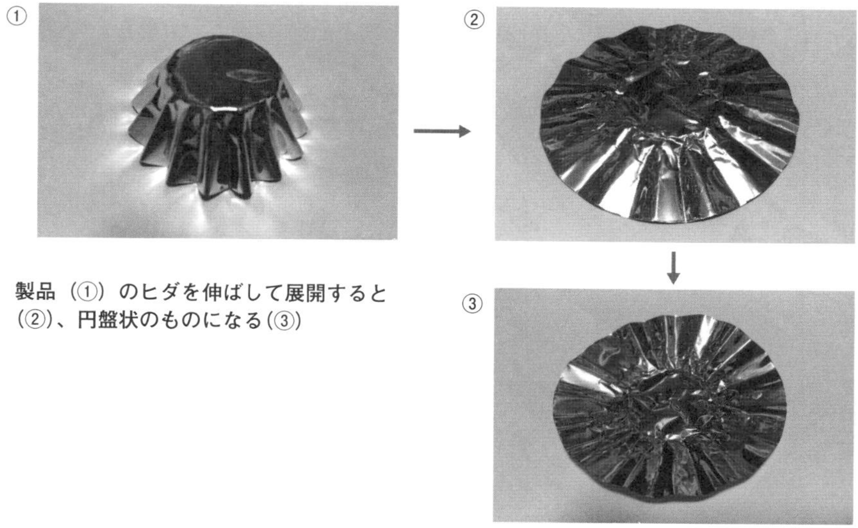

1-5 変形させる方法ー金型と力

プレス加工では**金型**は重要な役割を担っています。加工する製品の精度や形状、品質などが金型の“出来・不出来”に大きく左右されるからです。金型は材料を切断したり、穴をあけたり、曲げたり、絞ったり、成形したり、接合したりなどをしますが、一見するとただ上下に動いているだけなので、外から見ただけでは金型の動作はわかりづらいです。ここでは日常行われる作業をもとに、切る加工について説明します。

●上型と下型で構成される金型

紙を切る場合、折り目をつけて手で切ることがありますが、普通ははさみを使って切ることが多いと思います。はさみで切る場合、2つの刃がすれちがってはさみ切ります。このことを**せん断**といいます。せん断面には平行方向に力がかかります。プレス加工では刃に当たるのが金型で、せん断される素材は**被加工材**です。当然のことながら、せん断するには力が必要です。これを「**加工力**（せん断の場合は**せん断力**）」といいます。はさみは2枚の刃で構成されていますが、金型も同様に上型と下型と呼ばれる2つのブロックで構成されています。通常、上型はプレス機械の可動部に、下型は固定部に取り付けられます。出張った形状（凸型）から、上型は**パンチ**（ポンチ）と呼ばれ、へこんだ形状（凹型）から、下型は**ダイ**（ダイス）と呼ばれます。上型をオス型、下型をメス型ということもあります（図1-5-1）。

紙を手で切るのとはさみで切るのでは、切られた紙の断面（**せん断面**）が違います。はさみのほうがせん断面はきれいです。金型を使うとさらにきれいに加工できます（ただし後加工が必要な場合があります）。このことは金型で加工する長所のひとつです。

プレス加工は、生活するうえで欠かすことのできない製品の大量生産を実現することで、我々の生活を支えています。それを可能にしているのが金型で、金型は「ものつくりのMother（母）」ともいわれています。図1-5-2に金型の動き方を示します。

図 1-5-1　はさみと金型

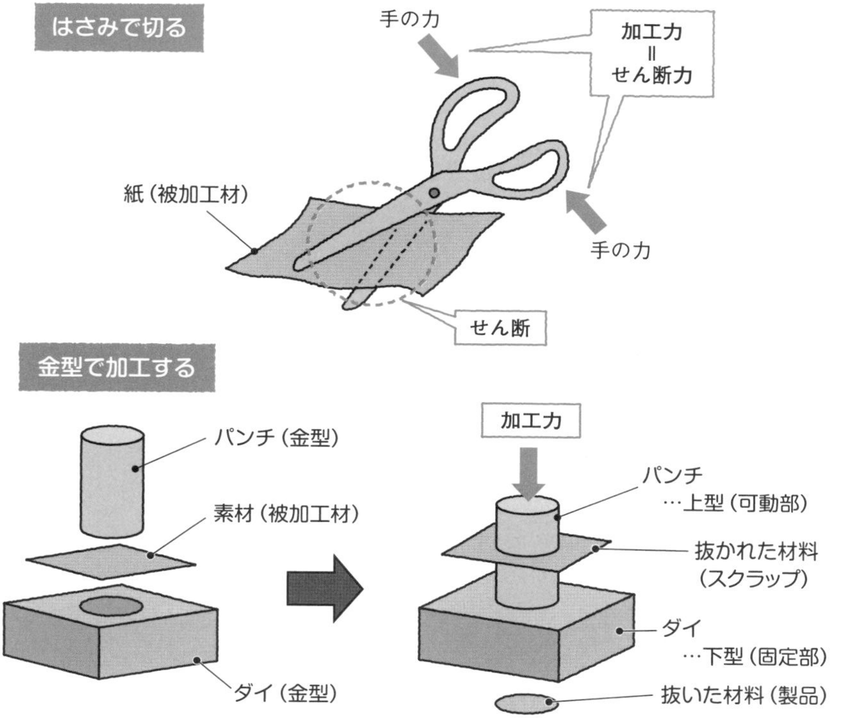

※スクラップと製品が入れ換わることもあります〈➡ p.102〉。
その際は、金型寸法が異なります

図 1-5-2　金型の動きと力のかかり方

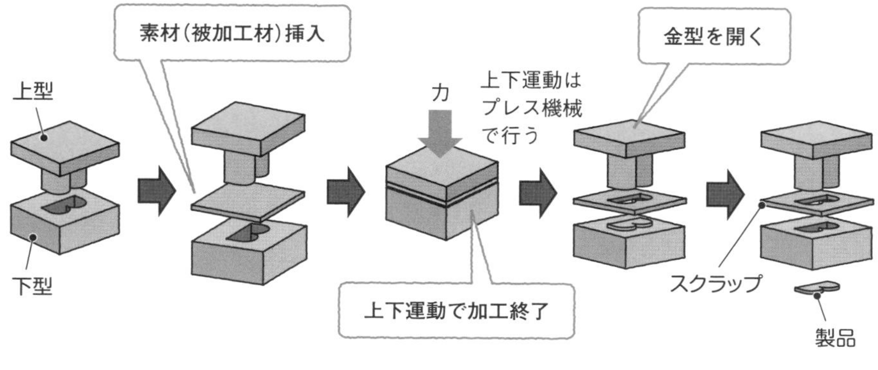

1-6 プレス加工と板金加工

●プレス加工と板金加工の違い

先に説明したように、プレス加工は**塑性加工**〈➡ p.74〉です。塑性加工にはプレス加工のほかに**板金加工**や鍛造加工などがあり、なかでも板金加工はプレス加工に最も近い加工法といわれています。

両者は何が違うのでしょうか。「板金プレス」という言葉を耳にすると、境界は明確ではないように思えます。しかしながら、一般的には、以下のように簡潔に定義されています。

・プレス加工：製品や工程ごとに**専用金型**を機械に取り付けて大量生産

・板金加工：**汎用金型**（標準金型）と機械を利用して少量生産

板金加工で使用する金型は、細部は多少異なるもののプレス金型と原理的には同じです。

「**外形抜き**」を例にして両方の加工の仕方を説明します〈➡ p.102〉。プレス加工は、**抜き加工**する穴と同じ形状の**パンチ**と穴の開いた**ダイ**で構成された金型の間に素材をセットし、パンチをダイ穴に押し込むことで、円形の製品と穴の開いた**スクラップ**（**廃材**）ができます（図 1-6-1）。

製品および工程ごとに専用の金型を使うプレス加工に対し、板金加工は汎用金型を使うことでコストを抑えています。板金加工にもいろいろな用途向けの専用金型はありますが、それでもプレス加工と比べると、コスト的には有利です。なお、金型はプレス用・板金用とも、また汎用・専用を問わず一対のパンチとダイを最少単位として構成されています。

汎用金型を使う場合、オペレーター（作業者）は板金加工する金属板（被加工材）を動かすことによって形状に沿って比較的自由に多様な寸法形状の加工を行うことが可能です（図 1-6-1）。一方、専用金型は決められた寸法形状の製品の加工にのみ利用が可能です。

曲げ加工においても、汎用金型と専用金型（図 1-6-2）がありますが、板金加工では主に前者が利用されています。汎用金型と専用金型を使った加工を比べると、汎用のほうが技量を求められます。

図 1-6-1　抜き加工の汎用金型、専用金型

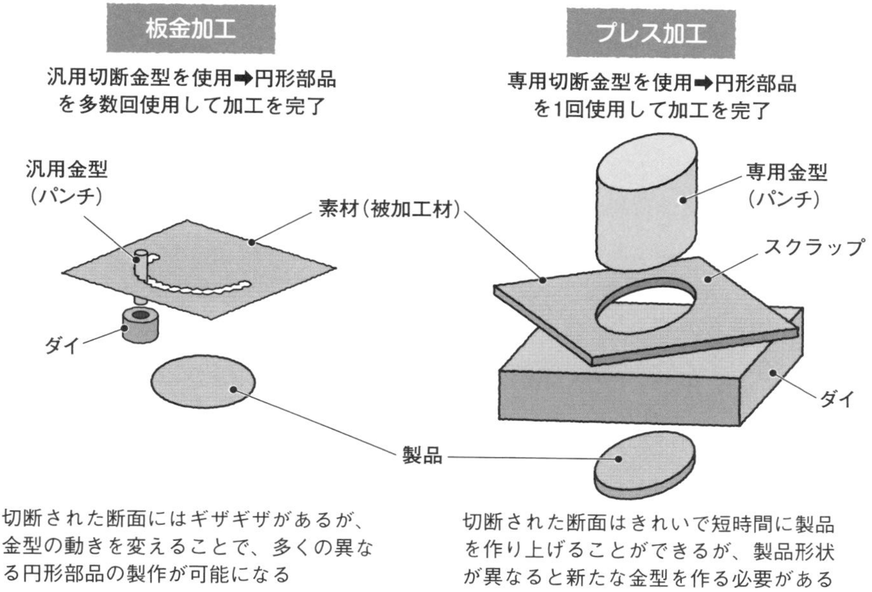

図 1-6-2　曲げ加工の汎用金型、専用金型

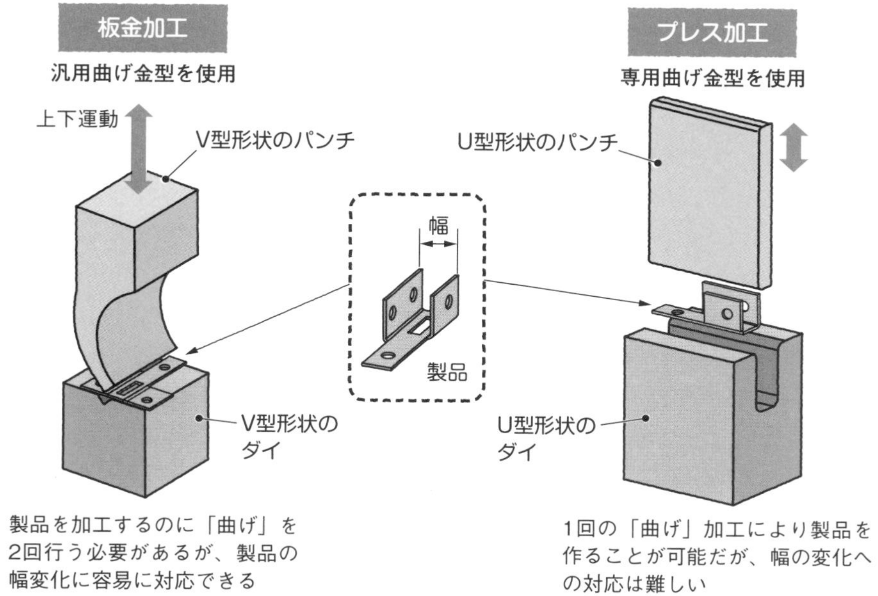

プレス加工現場の本当の姿

あるとき、プレス加工の現場をはじめて見学する学生たちに遭遇しました。工場の担当者は「当社のプレス加工ラインは、ご覧のとおりスムーズに流れています」と誇らしげに説明しています。見学を終えた学生は、「プレス加工では、1分間に80個の製品が次から次にでき上がるそうですが、意外と動きが単純で単調な作業だなと感じました」と感想を述べました。

担当者は、それを聞いて一瞬何とも複雑な表情を浮かべました。筆者にはその意味がよくわかりました。たぶん、「単純な動き？　スムーズな加工を目指しているのだから、そう見えるのは悪いことではないけれど、この状態にたどり着くまでには長い道のりがあったんだ。何度も何度もトライと修正を繰り返して、悪戦苦闘の結果今の姿にたどり着いたんだよ」と言いたかったのでしょう。スムーズに流れるラインの裏に隠れている真実の姿を知ってもらいたかったのだと思います。

●必ず求められる技能・技術者の現場力

プレス加工では、CAD/CAM/CAEのコンピュータ上で金型を作り上げる→数値制御が可能な工作機械で加工する→高精度な機器で測定し、組み立て後にプレス機械に取り付ける→その瞬間から製品の量産が始められる、というのが理想的な流れです。

しかしながら、実際には機械の精度不足や工具の摩耗、金型や材料の性質に見られるバラツキのため、度重なる金型の修正やメンテナンスが必要不可欠です。これらを後ろからしっかり支えているのが、プレス加工技術者の創意工夫と技術力です。現在、「長年の経験によるカンやコツ」はセンシングやAIの活用に置き替えることが叫ばれています。しかし、当分の間は、これらのテクノロジーが現場の技能・技術者の「頭の中」に置き換わるのは難しいのではないかと思います。

ファブレスという生産をしないメーカー（企画・設計を行い、製造は委託する）で設計を担当する方々には、製品ができ上がるまでに起こる「プレス加工の現実」を少しでも理解していただきたいと願います。そして、設計現場と製造現場が妥協するのではなく、ともに進化する「ものつくり」をしていけるように期待しています。

第2章

金型の基礎知識

プレス加工を支える３要素は、「プレス機械」「被加工材」と「金型」です。
金型はどんなに高精度に製作されたとしても、必要とするプレス加工製品を
生産することができなければその価値を失います。
金型はプレス加工製品を生み出すための道具です。
この章では、道具である金型が生産するプレス加工製品やその製作過程、
環境などを考慮するために必要な知識について確認しましょう。

2-1 形を作る「型」

プレス加工では、**金型**は必要不可欠な存在とこれまで説明してきました。その金型はプレス加工以外にも用いられており、我々の生活を支えている数多くの製品を作り出しています。たとえば、自動車・航空機などのタイヤやホイールをはじめ、カメラのボディやレンズ、テレビ・パソコンなどの筐体、文房具、ガラスびん、ゴム靴、アルミサッシ、PET ボトル、各種フィルム・シートなどです。金型は我々の生活を支えているモノの「形を作る型」というと、イメージしやすいかもしれません。

●いろいろな金型

ところで、加工法にはいくつか種類があり、それらはそれぞれ専用の金型を用いています。プレス加工にはプレス金型、鍛造には鍛造金型、鋳造の一種であるダイカストにはダイカスト金型、プラスチック成形には射出成形金型やブロー成形金型、押出し成形金型など、ゴム加工にはゴム成形金型、ガラス加工にはガラス成形金型というようにです（図 2-1-1）。

それぞれの金型は、加工する材料の性質に応じて外部から加えられる力のかけ方などが異なっています。ゴムやガラス、プラスチックなどは熱せられると柔らかくなり、溶岩（マグマ）のように流動性が増します。それらを金型の中に押し込んで冷やして形にします（図 2-1-2）。

プレス加工の場合も被加工材である金属の薄板の性質が大きく関わっています。金属材料には、力がかかるとあるレベルまではばねのように元に戻ろうとし、限度を超えると形状が変化して元に戻らなくなるという性質があります。元に戻ろうという性質を**弾性**、外部から加わった力で形状が変わる性質を**塑性**といいます。プレス加工では被加工材が塑性になるよう強い力を加えます。強い力を要するという点では、塑性加工の仲間である鍛造加工も同じです。鍛造加工では叩く力（圧縮力）により、被加工材の組織が緻密になり製品の強度が高まります。刀が叩かれて鍛え上げられるのはそのためです。弾性と塑性については p.74 で解説します。

図 2-1-1　金型の分類

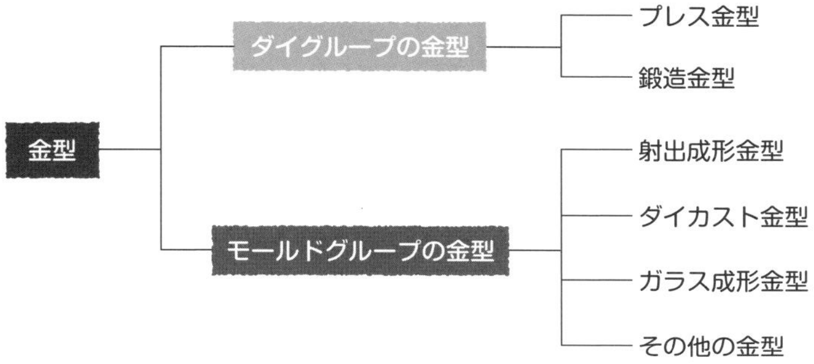

◉**ダイグループの金型**：素材から製品になるまで、いくつかの工程を経て成形
◉**モールドグループの金型**：ひとつの金型に材料を押し込んで1回で成形

図 2-1-2　射出成形金型とブロー成形金型

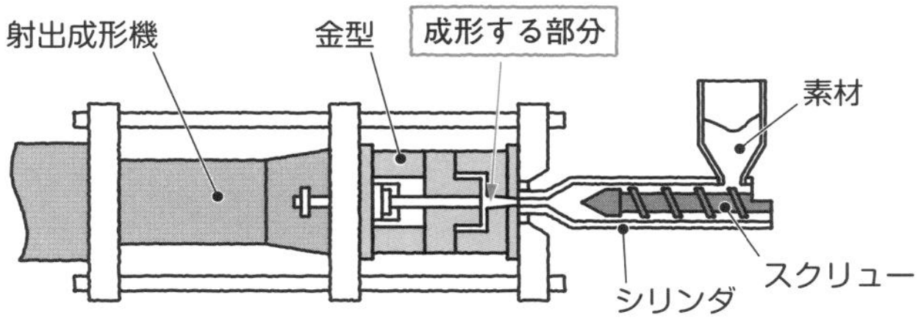

◉**射出成形金型**：加熱して柔らかくなった素材を、スクリューで金型の中に射出注入し、冷やして固化させることで成形する

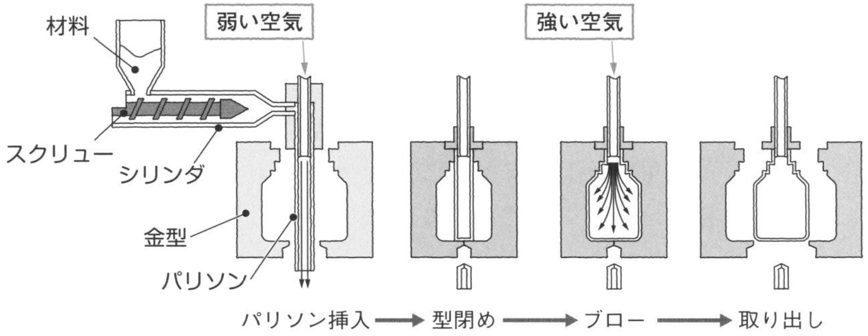

◉**ブロー成形金型**：分割した金型でパリソン（熱可塑性樹脂で作ったパイプ）をはさみ、中に高圧の空気を注入して膨らませる。その後、冷やして固化させることで成形する

2-2 金型と工具

改めていうまでもなく、**金型**は「金」と「型」の２つの漢字で成り立っています。金は金属を表し、型は形を作り出すもとのことです。鋳造などで使われている砂製の型は砂型と呼ばれ、ワックス（ろう）で作られた型は蠟型《ろうがた》、プラスチックで作られた型は樹脂型といいます。

ところで、プレス金型は工具の一種といわれています。金属を削って加工する旋盤などに取り付けられている切削工具（バイトやドリル）などと同じものとみなされているわけです。しかしながら、これらの刃物と比較すると、プレス金型にはそれらの工具とは違う点があります。

実際の加工で見てみましょう（表2-2-1）。**切削加工**では、バイトの動きにより**被加工材**の形状が作り上げられていきます。つまり、バイトを動かすことでかなり自由に形状を変えられます。一方、プレス金型はそれ自身がもつ形状を被加工材にそのまま転写するため、加工の自由度はほとんどありません。加工の自由度がないという点では、ダイカスト金型やプラスチック成形金型なども同じです。その反面、金型の形状を正確に作り上げることができれば、高精度で均一な品質をもつ製品を安定して大量に作ることができます。

●動力のない機械

もう少し踏み込んで工具との違いを説明します。プレス加工では金型は単純に材料（被加工材）を望む形状に作り上げるだけでなく、被加工材を決められた位置に置いて加工し、加工された製品を取り出すという一連の機能を有しているものもあります。ですからプレス金型は、動力をもたない機械ともいえるでしょう（図2-2-1）。イメージしにくいかもしれませんが、金型の中には多くの工程をひとつの金型でこなせるものがあります。送り込まれてきた材料を工程ごとに加工して順に送り、ひとつの金型内でひとつの部品として完成させてしまいます。こうした機能を発揮するために、金型は炭素鋼や工具鋼と呼ばれる鋼で作られています。加工性や耐久性、経済性など要求される条件を満たすためには、これらの鋼材が最も適しているからです。

表 2-2-1　切削工具とプレス金型による生産の比較（大量生産時）

	切削工具（切削加工）	プレス金型（塑性加工）
生産速度	遅い	速い
コスト	高い	安い（低い）
歩留まり	低い	高い
精度	より高い	高い
量産精度	高い	より高い
加工工具の例	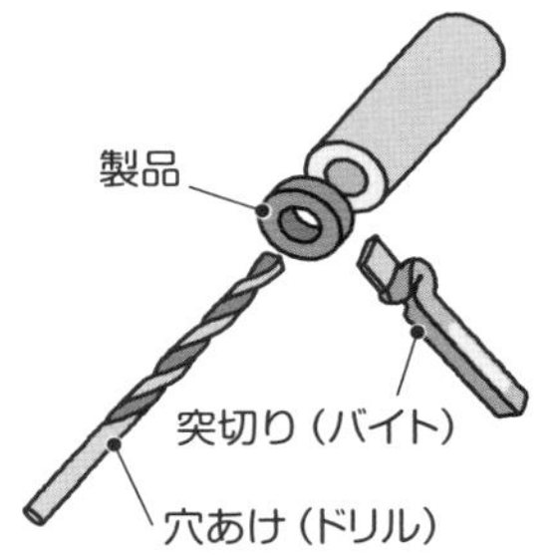	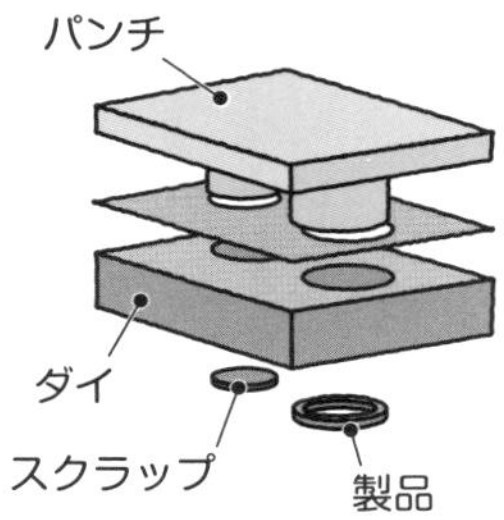

同じ製品を大量生産すると仮定した場合の生産システムの比較。プレス金型は初期コストはかかるが、大量生産では加工時間が短くなりトータルでのコスト低減が可能。一方、切削工具は初期コストは抑えられるが、生産スピードが遅いのでトータルではコストがかかる。また精度では、一般的に切削加工のほうが優れているが、量産した場合は切削工具の寿命の問題からプレス加工のほうが安定している。

図 2-2-1　金型の機能

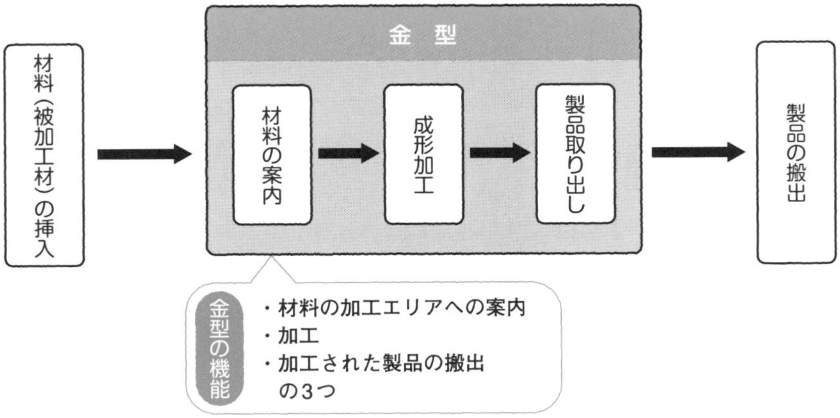

2-3 金型の構造

p.18で説明したように、**金型**は上型と下型と呼ばれる2つのブロックでできています。金型の構造にはいくつか種類がありますが、ここでは基本的なもので説明します（図2-3-1）。

●金型を構成する部品（数字は図2-3-1に対応）

❶シャンク：比較的小さな上型を取り付ける際に、固定するために使われる部品です。

❷締付けボルト：部品と部品を固定するためのもので、他の部品の邪魔にならないようざぐりした穴にボルトの頭が隠れるようにしています。

❸ダウエルピン：部品を正しい位置に保つための位置決めや回り止めに使われるピンです。

❹パンチホルダ：上型全体のベースになる板で、上型のいろいろな部品を取り付け、プレス機械のスライドに装着されます（ダイセット上型）。

❺ガイドブッシュ：ガイドポストを受ける部品です。

❻バッキングプレート：小さなパンチにかかる軸圧により、ダイセット上型がへこんでしまわないようにするための部品です。

❼パンチプレート：上型でパンチなどの主要部品を組み込む際に基準となる板です。

❽パンチ：部品を直接加工する工具で、ダイとペアになっています。

❾固定ストリッパ：パンチについた材料をパンチからはがすための部品で、ダイプレートに固定されます。同じ働きをするものでパンチ側に取り付ける**ストリッパプレート**（**可動ストリッパ**）があります。

❿ダイプレート：ダイを構成するもので、この中にダイ形状を作ります。

⓫ガイドポスト：上型と下型の関係を保つための部品です。

⓬ダイホルダ：下型全体のベースになる板で、下型を構成する各種部品が装着されます。**プレス機械**の固定部に組み付けられ、加工するときにかかる力を受ける働きもしています（ダイセット下型）。

図 2-3-1　金型の分解図

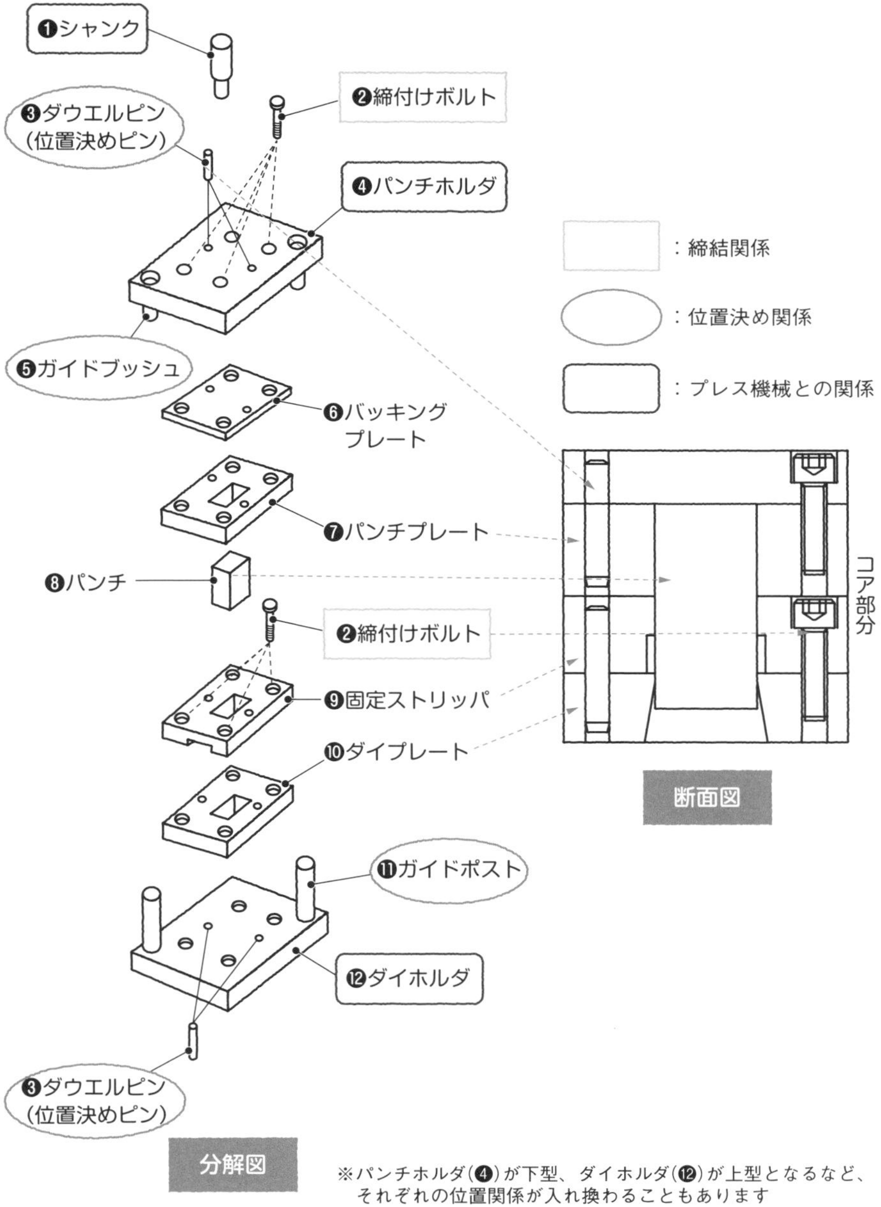

※パンチホルダ(❹)が下型、ダイホルダ(⓬)が上型となるなど、
それぞれの位置関係が入れ換わることもあります
※図中の❶～⓬は、本文の数字に対応

2-4 金型の基本動作

金型を**プレス機械**に装着する際、上型は**スライド**に、下型は**ボルスタ**に取り付けられます。スライドとボルスタはプレス機械を構成する部品で、スライドは上下に動き、その力を受けるボルスタは固定されています。スライドの動きについては、ガソリンエンジンのピストンがコネクチングロッドを介して上下に動く姿を想像すると、理解していただけると思います（図2-4-1）。

一般的に、スライドはプレス機械の上部に、ボルスタは下部にあります。したがってスライドに取り付けられた上型は下に降りて加工し、加工を終えて上がる上下運動を繰り返しています。p.18でも説明しましたが、**上型**は**パンチ**、**下型**は**ダイ**とも呼ばれます（逆の場合もあります〈➡ p.29・図2-3-1の注〉）。以下、パンチとダイで金型の基本的な動きを説明します。

●パンチとダイの動き

パンチとダイで被加工材を切る**抜き（せん断）加工**は、以下のように行われます。まずパンチが下降して、**被加工材**に接触します（図2-4-2①(1)）。被加工材はパンチの押す力に抵抗しますが、限度を超えると耐えきれなくなりダイの形状に沿って変形していきます（同(2)(3)）。せん断の場合は、ダイに設けられた穴にパンチが貫通する形になるので、被加工材は切断されます（同(4)）。

次は曲げる場合です。**曲げ加工**ではパンチとダイで支点と作用点を作って被加工材を変形させます。パンチとダイで材料を押さえると、パンチとダイの形状が材料に転写されます。パンチとダイの断面形状をV字形にすると、被加工材はV形に曲がります（図2-4-2②）。**ブランクホルダ**（**板押さえ**※）という部品で被加工材をダイに押さえつけ、ダイのへりに沿うようパンチを下降させると被加工材はL形に加工されます〈➡ p.104〉。カム・スライド機構を用いてパンチを横方向に動かすとJ形にできます。

一方、パンチで被加工材をダイの内部に引き込むように成形すると、被加工材の外周は縮まり平板から深みのあるカップなどの容器のような形状に変

※板押さえ：ブランクホルダのことを、曲げ加工では板押さえと呼び、絞り加工ではしわ押さえと呼ぶ〈➡ p.32、88、120〉。現象に対応した呼び方といえる。

図 2-4-1　金型とピストンの上下の動き

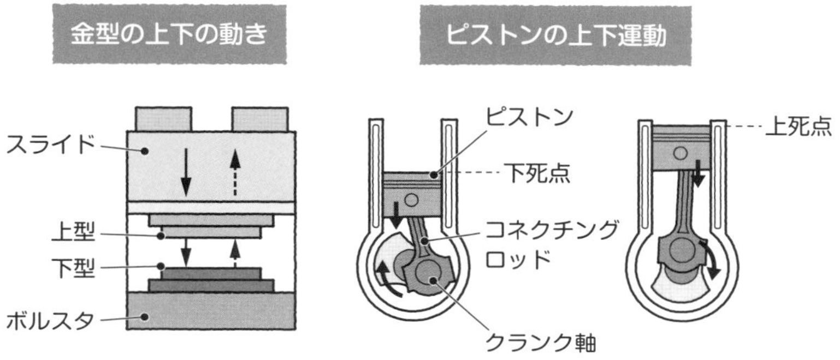

ピストンは上死点と下死点の間を上下運動している。その間、コネクチングロッドは図のように動く

図 2-4-2　加工の種類によるパンチとダイの動き

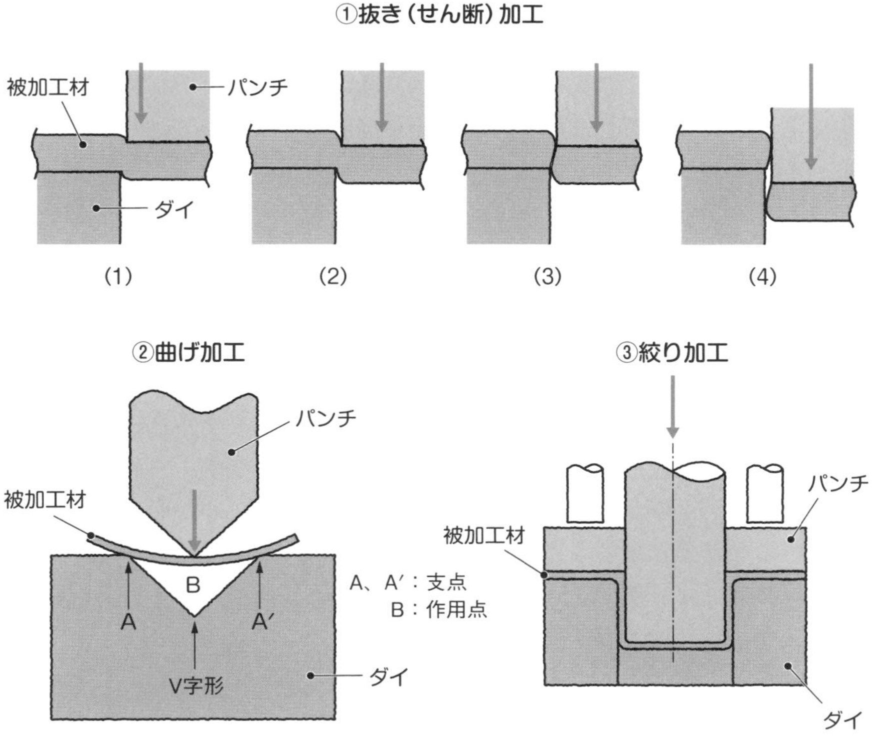

わります（図 2-4-2 ③）。これが**絞り加工**です。

このようにパンチが上下運動することで、金型はさまざまな形状の加工品を生み出します。

●ストリッパとブランクホルダ

金型を構成する主要部品にはパンチとダイのほかにもまだいろいろあります。たとえば、**抜き加工**に使われる**ストリッパ**、絞り加工や曲げ加工に用いられる**ブランクホルダ**などです。それぞれの加工にとって重要な働きをしています。

①ストリッパ

抜き加工を行うと、加工終了後に被加工材がパンチに食いついている状態となります（図 2-4-2 ①（4））。加工を続けるためには、この被加工材をはぎ取らなければなりません。そのための機能を有する部品がストリッパです〈➡ p.28・❾〉。ダイプレートに取り付ける**固定ストリッパ**やパンチ側に取り付ける**ストリッパプレート**（**可動ストリッパ**）があります（図 2-4-3）。

固定ストリッパは、パンチがその中を通過していく際にパンチに食いついた被加工材を引きはがします。ストリッパ自体は文字どおり動かず、パンチが被加工材をはがす手助けをしています。

一方のストリッパプレートはばねの反発力を利用して、被加工材をパンチから叩き落とします。パンチから被加工材を引きはがすにしろ叩き落とすにしろ、ある程度の力が必要になります。なお、パンチから被加工材をはぎ取ることを「カストリ」ともいいます。

②ブランクホルダ

絞り加工では、**ブランク**（製品形状を平板な状態にした被加工材）から外周を縮めるように絞って凹型の形状をした製品を作ります。外周を中心方向に引き込んでいく際、成形の途中で材料の端部などにしわが発生していきます。そのしわができないようにブランクをダイに押しつけるのがブランクホルダ（**しわ押さえ**〈➡ p.30・注〉）です。曲げ加工では板を押さえる役割をしていますが、絞り加工ではしわの発生を抑えています（図 2-4-4）。

このように、パンチとダイ以外の部品も金型の動きに大きな影響を及ぼし、製品の精度や仕上がり、生産性などに大きく関わっていきます。

図 2-4-3　固定ストリッパとストリッパプレート

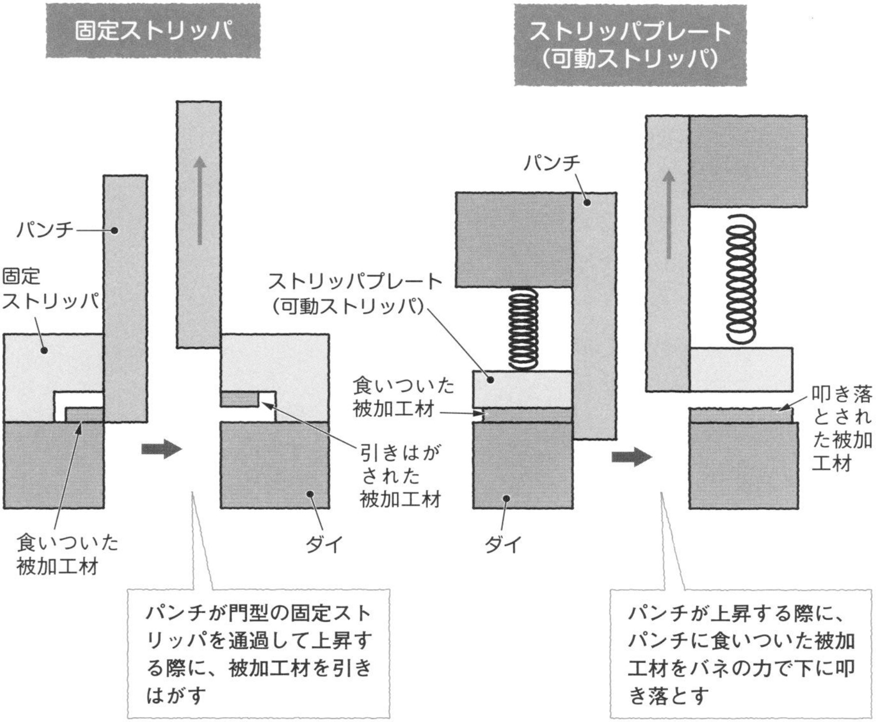

図 2-4-4　ブランクホルダの役割

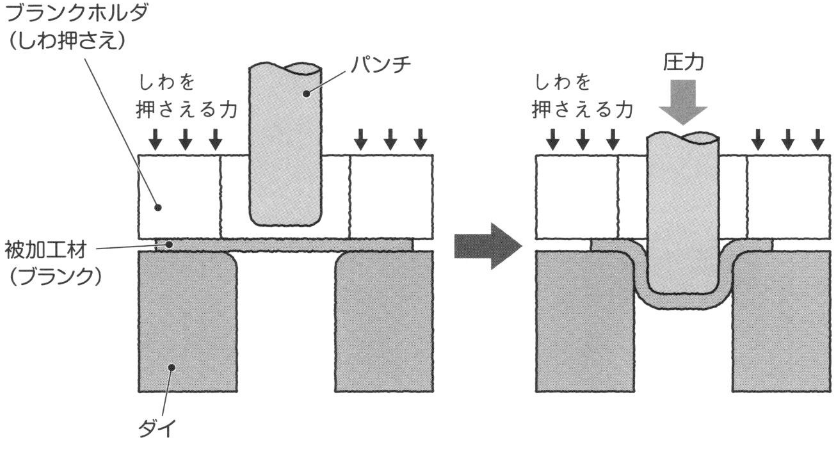

2-5 金型の機能

p.28 で**プレス金型**の構造を簡単に説明しました。大量生産を可能にし、高品質・低価格を実現するために、金型にはさまざまな機能をもつ部品が数多く組み込まれています。これらの部品が、お互いに効率的に働くことでプレス加工が円滑に行われます。

プレス金型の機能を、

(1) 加工に直接関与する部分

(2) **上型・下型**の位置関係設定に関与する部分

(3) 被加工材の位置決めに関与する部分

(4) **プレス機械**への取り付けに関与する部分

の4つの領域に分け、それぞれの機能に関係している部品を通して機構をみていきましょう（図2-5-1）。

●加工に直接関与する部分（数字は図2-5-1に対応）

プレス加工で抜きや成形などに直接関わっているのは、**被加工材**に接する**パンチ**（❼）と**ダイ**（❽）です。金型の構成部品の中でパンチとダイのように被加工材に直接接する部品はほんの一部です。境界を明確に示すことは難しいですが、多くの部品は加工を直接行う部品を支えたり、金型の取り扱いや取り付けに関わったりしています。

たとえば**パンチホルダ**（❶）は、金型部品の**パンチプレート**（⓮）と上型を装着するプレス機械の**スライド**を締結して、上型全体を保持し、上型をプレス機械に取り付ける役割をしています。スライドの下降とともにパンチプレートに取り付けられたパンチも下降します。この下降の正確さは製品精度に大きく影響します。パンチホルダとパンチプレートの間に挟まれた**バッキングプレート**（⓭）は、加工時にパンチを通して伝わってくる衝撃を分散させて、パンチホルダの変形を防止しています。**ダイホルダ**（❷）は、下型全体を保持し、下型をプレス機械の**ボルスタ**面に取り付けます。これらが正しく機能しないと、満足な加工はできず、高い製品精度も得られません。

図 2-5-1　金型各部の名称と機能

※図中の❶〜⓰は、
本文の数字に対応

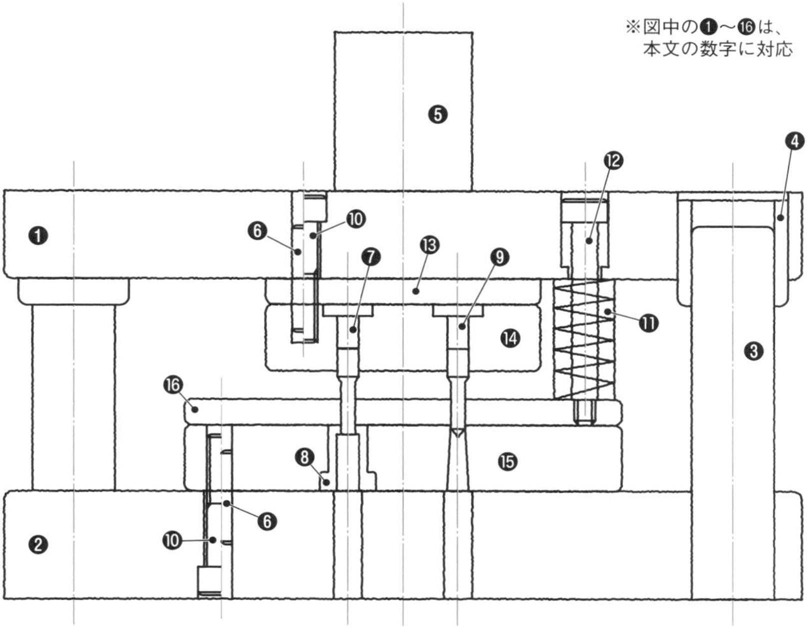

パンチ・ダイホルダ……………… ❶・❷ ――→ (4)
ガイドポスト……………………… ❸ ――→ (2)
ガイドブッシュ…………………… ❹ ――→ (2)
シャンク…………………………… ❺ ――→ (4)
ダウエルピン（ノックピン）…… ❻ ――→ (2)
パンチ……………………………… ❼ ――→ (1)
ダイ………………………………… ❽ ――→ (1)
パイロットパンチ………………… ❾ ――→ (3)
ボルト類…………………………… ❿ ――→ (2)
コイルばね………………………… ⓫ ――→ (2)
ストリッパボルト………………… ⓬ ――→ (2)
バッキングプレート……………… ⓭ ――→ (1)
パンチプレート…………………… ⓮ ――→ (4)
ダイプレート……………………… ⓯ ――→ (4)
可動ストリッパ…………………… ⓰ ――→ (1)〜(3)

金型各部の機能

(1) 加工に直接関与する部分
(2) 上型・下型の位置関係設定に関与する部分
(3) 被加工材の位置決めに関与する部分
(4) プレス機械への取り付けに関与する部分

●上型・下型の位置関係設定に関与する部分

上型（パンチ）と下型（ダイ）を一対とした金型を用いるプレス加工では、相互の位置関係が重要になります。図2-5-2のように、上型および下型のそれぞれが、位置決め機能をもつ**ダウエルピン**（❻）などの部品で組み立てられています。加工精度を左右するパンチとダイの位置決めは、**ガイドポスト**（❸）や**インナーガイド**などの位置決め機構を有した部品で行います。

ダウエルピンは、金型を組み立てる際の位置決め機能を有しています。2つの部品が正しい位置を保つように、内面を正確に仕上げた高精度の穴にピンを差し込んで固定します。位置合わせと回転防止のため、2本1組で用いられます。**ノックピン**と呼ぶこともあります。

金型が精密に製造されていても上下のスライドが正確にできなければ金型の精度は活かせません。それを可能にするのがガイドポストや**ガイドブッシュ**（❹）で、金型の上型と下型の位置関係を保つ位置決め機能を有しています。

●被加工材の位置決めに関与する部分

必ずしも金型への利用にこだわる必要はありません。位置決め機能を実現するための機構には多くの方法があり、それらに用いられる部品として、ネストやガイドレール、ストックガイド、リフタ、パイロットがあります。

●プレス機械への取り付けに関与する部分

プレス機械や周辺機器と関係する部分で、金型をプレス機械に取り付ける方法としては、シャンクや締付けボルトでの締結および油圧式クランプなどが用いられています。これらを効率的に行うため、短時間・簡単機構・操作容易などの機能を実現する機構が望まれます。

シャンク（❺）は、スライドの上下運動に合わせて金型の上型を動かすために、スライド下面と金型を結合するものとして用いられています。上型上面に装着した凸形状円筒シャンクが、スライド下面の凹型に勘合してシャンク押さえネジなどを利用して固定します（図2-5-3）。

加工に直接関与する部分で取り上げたパンチホルダとダイホルダは、スライドとボルスタに上型と下型を締結する役割も担っており、2つの機能を有しています。

図 2-5-2　上型・下型の位置関係の設定

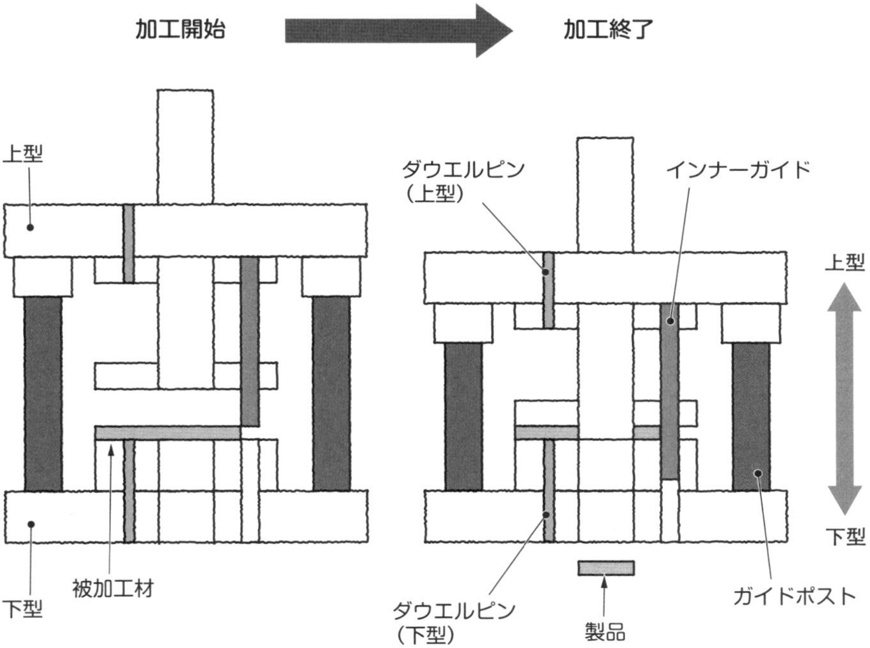

上型と下型がセットになっている金型では、相互の位置関係が重要になる

図 2-5-3　金型のプレス機械への取り付け

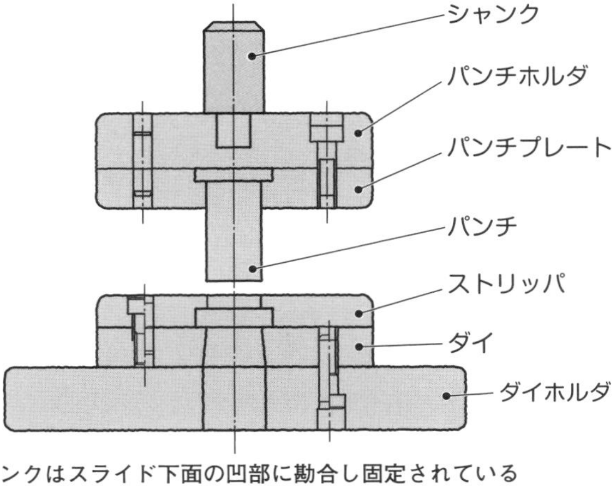

シャンクはスライド下面の凹部に勘合し固定されている

2-6 金型材料

金型には、時代の流れとして高機能化をはじめ高精度化、短納期、低コストなどが求められており、金型を作る材料に対しても高能率加工や高速加工、磨き性などに代表される特性への対応が求められます。

●金型材料に求められる機能

具体的な機能を以下に示します（表2-6-1）。

①硬さ（硬化深さ）

金属で金属を加工するので、当然硬さは最も重要な基本的要素です。金型の機能上、引張りや圧縮が作用する金型には表面だけ硬く内部は柔らかいものが、衝撃が作用する金型には中心まで硬いものが求められます。

②耐磨耗性

磨耗の少なさが要求されます。一般的に、金型材料の硬度が高くなるほど摩耗しにくくなり、耐摩耗性は向上します。

③耐衝撃性

衝撃が伴う加工が行われる金型には、耐衝撃性も重要です。

④耐熱性

金型温度は加工エネルギーが熱に変換されて上昇することから、発熱による硬度低下を避けるために耐熱性が要求されます。

⑤熱処理による変形

金型材料は、硬さを要求されるために熱処理が行われます。一般的には、熱エネルギーが作用するので鋼材の変形は避けられませんが、金型材料としては、できるだけ変形の少ないことが求められます。

⑥経済性・市場性

価格が安定・低価格で、入手に関しても容易であることが求められます。

●熱処理の目的と手段

所定の性質を得るために、金型には**熱処理**が施されます。熱処理とは、金属材料に熱を加えて金属材料のもつ性質を変えることです（図 2-6-1）。一般的に以下のような熱処理の手段があります。これらは、単独または組み合わせて行われます。

(1) 焼鈍《なま》し（鋼材を柔らかくする）　(2) 焼入れ（鋼材を硬くする）
(3) 焼ならし（鋼材を強くする）　(4) 焼戻し（鋼材をねばり強くする）

表 2-6-1　金型材料の材質

プレス部品	材質※
パンチ	SK105→SKS3→SKD11→SKH51→粉末ハイス→超硬合金
ダイ	S50C→プリハードン綱→SKS3→SKD11→SKH51→粉末ハイス→超硬合金
パンチプレート	S50C→SKS3→SKD11
ストリッパプレート	SS400→S50C→SKS3→SKD11→超硬合金
バッキングプレート	S50C→SK105
パンチ・ダイホルダ	鋳鉄→SS400→S50C

S50C：機械構造用炭素鋼材
⬇…硬さ向上
SK105：工具鋼
⬇…熱処理性向上
SKS3：合金工具鋼
⬇…耐摩耗性向上
SKD11：冷間工具鋼
⬇…耐摩耗性向上
SKH51：高速度工具鋼

※右にいくほど大量生産、厚板、硬質材、素材費用大、制作費用大、製品精度高

図 2-6-1　熱処理の目的

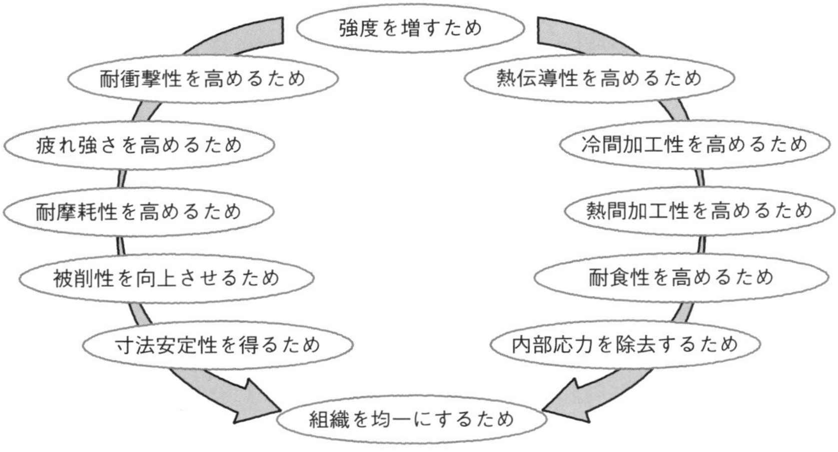

2-7 金型メンテナンス

プレス加工では、金型は長期間にわたって使われるため、不具合などの発生は避けられません。ことに鋼で作られた金型は、鋼製の被加工材を加工することが多く、硬いものどうしが強い力でぶつかり合うことから摩耗や破損は避けられません。

●金型に生じる不具合

加工品の精度や形状に直接大きな影響を及ぼす金型には、

①金型の動きなどに起因する不具合の発生

②製品精度、外観の異常

③金型の摩耗（定常摩耗）

などが生じる恐れがあり、これを完全に防ぐことは難しいといえます。そのため、定期的なチェックや修理をして不具合発生の未然防止に努めるとともに、突発的なトラブルに対応する応急処置などが必要となります。これらの作業を総称して「**金型メンテナンス**（保守整備）」といいます（表2-7-1）。

金型の摩耗について考えてみます。石階段は風雨や人の歩行などによって階段のへりが摩耗して角が丸くなっていきますが、これは何らかの力が加わったためで金型の場合も同じです（以下、数字は図2-7-1に対応）。

・**被加工材**に直接接触する**パンチ**（❶）と**ダイ**（❷）は、製品を生産するに従い摩耗していくことは容易に理解できます。

・プレス機械は上型を取り付けた**スライド**が上下に動きます。製品の精度を確保するためには、上型を可能な限り垂直に降ろす必要があります。その役目を務める**ガイドポスト**（❸）や**ガイドブッシュ**（❹）も摩耗します。

・プレス加工は、数十トン（場合によってはそれ以上）の荷重をかけて行います。この荷重を繰り返し受けるスプリング（❺）やネジ（ボルト（❻））、さらにプレート（❼）が変形していくことも避けられません。

このように、金型は使用するに従い各部が摩耗していきます。そのためメンテナンスが必要なのです。

表 2-7-1　金型に発生する主な不具合

トラブル因子	発生する不具合
発熱	・高速、連続加工の際に発生する加工熱による金型の熱膨張が加工品の精度、性状に悪影響を及ぼすトラブル ・プレス機械の電動機やスライドとギブ間の発熱による加工精度を悪化させるトラブル
クリアランス〈➡ p.94〉	・金型摩耗などによりクリアランスが変化することによる製品へのトラブル ・メンテナンス時に金型を正常な状態に再現できないことによる製品などに及ぼすトラブル
金型・プレス機械の剛性	・プレス機械の剛性不足による金型破損などのトラブル ・金型の剛性不足に起因する金型部品の弾性変形による加工品の精度、性状のトラブル ・金型の剛性不足に起因する金型破損、飛散などよるトラブル（労働災害）
振動および共振	・プレス機械の振動が起因となり、プレス加工が不安定になるトラブル ・プレス機械の振動が周辺機器に共振することによるプレス加工が不安定になるトラブル ・金型の振動で加工時のクリアランスが変化することによる加工が不安定になるトラブル
成形（加工）荷重	・成形荷重の適しないプレス機械の選択によるプレス機械の破損などによるトラブル ・プレス機械が持つエネルギーより多くの加工エネルギーを必要とする加工などにおいて、エネルギー不足によるプレス機械の停止などのトラブル
偏心荷重〈➡ p.54、58〉	・金型の偏心荷重による加工が不安定になるトラブル ・金型とプレス機械、双方の偏心荷重に対する対応能力の不一致による生産が不安定になるトラブル
ダイクッション〈➡ p.128、130〉	・ダイクッションの圧力設定による「均一なしわ」や「割れ」が発生するトラブル ・クッションピンやクッションプレートの精度不良による不均一なしわが発生するトラブル

図 2-7-1　金型の部位と不具合

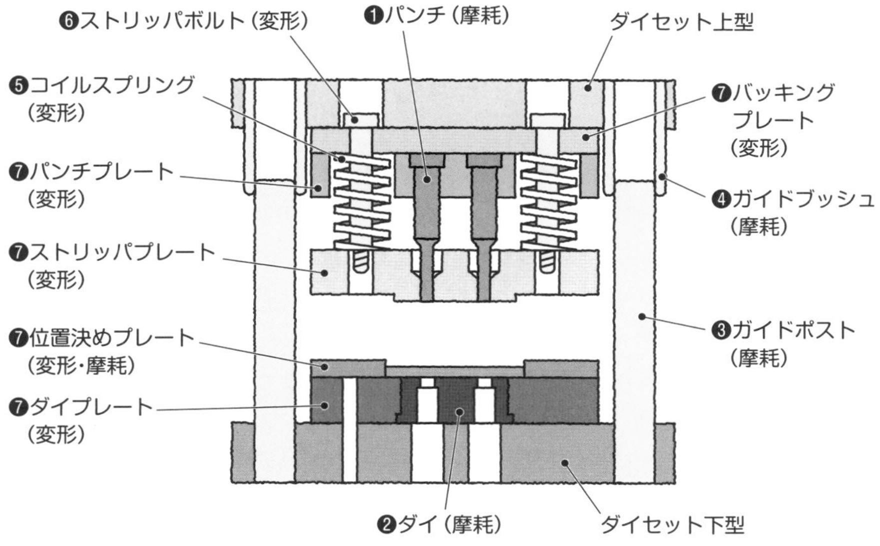

※図中の❶～❼は、本文の数字に対応

技能・技術の伝承

「CAD/CAM 時代だから、従来の技能を必要とせずに金型を作り上げることができる」。それはそうかもしれませんが、金型作りの歴史を振り返ることも時には必要ではないでしょうか。

昭和の初期には、金型職人の就職試験に「五角のスッポン（Perfect Pentagon）」が課せられたことがあったそうです。これは、3mm 板厚の鋼板から正五角形（パンチ形状）と、それを挿入できるもの（ダイ形状）を 5μm のすき間で、かつ、5 回順番に入れ替えても「スッポン」と音がするような同じ感覚で出し入れできる製品を 6 時間で製作するというものです。利用できる機械はボール盤だけで、それ以外はヤスリ、スケール、コンパス、罫《け》書《が》き針などです。

現在では、残念ながらこの技能を有する技術者はいないようです。ワイヤーカットをはじめとする高精度工作機械があれば、このような技能は不要と思われるかもしれませんが、この製作過程における精度への感覚やゲージの活用などの技能・技術は、現在でも必要不可欠なものとして活用されています。技能・技術は、それ自体が伝承されなければ、復活するのは想像以上の労力が必要とされるものです。

●技能・技術の伝承は人を通じてなされる

日本には「ものつくりの伝承」や「ひとづくり」の一環として、若い技能・技術者を国際技能競技大会（技能五輪）に参加させている企業があります。

これは、若年者の「ものつくり」の競技会で、国内大会は毎年行われ、2 年に 1 度国際大会が開催されます。当然、日本もこれに参加していますが、金型製作（プラスチック成形金型）における成績は、

2013 年ドイツ・ライプツィヒ大会：金
2015 年ブラジル・サンパウロ大会：銀
2017 年アラブ首長国連邦・アブダビ大会：銅
2019 年ロシア連邦・カザン大会：8 位

と、年々低下しています。金型のように付加価値が高いものほど、「人」に依存する割合が高くなるものです。技能・技術の伝承を怠るならば、その代償は非常に大きなものになるのではないでしょうか。

第3章

プレス機械の基礎知識

プレス加工の現場では、スライドが上下運動するだけの機械として「プレス機械」が見られるかもしれません。
金属ででき上がっているプレス機械には、ほんのわずかですが変形や振動が発生することがあります。ですから、プレス加工時にプレス機械の挙動を十分に把握することは、プレス加工製品の品質を左右することにもつながります。
この章では、プレス機械の中のクランク式機械プレスの機構と特徴について学びましょう。

3-1 最初は人力

我々の身近にあるプレス加工製品は、金型と機械による大量生産のため安価で供給されています。しかし、**プレス機械**が発明される以前の時代でも、同様な製品はありました。

一例をあげると、ボウルのような容器が手作業で作られています（図3-1-1)。この手作業では手がプレス機械に、ハンマや当て金が金型に相当します。ハンマで金属板をコツコツと叩いて時間をかけて成形していきます。ただ人力で持ち上げることのできるハンマの重さや振り降ろす力などには限界があることから、加工できる製品の大きさや強度などに制約が生じ、また加工には長い時間を要してしまいます。プレス機械の登場により、この問題は解消されました。

●プレス機械が頑丈な理由

プレス加工では、通常、プレス機械のスライドに上型を、ボルスタに下型を装着し、それらの間に素材（被加工材）を置き、機械から上型に強い力を加えて被加工材を金型表面に押しつけて成形しています〈➡ p.31・図2-4-1〉。プレス機械の特徴は、金型に加えられた力（**外力**）を機械全体で受け止めて支えていることです。このことを杭打機との比較で説明します。

杭打機は、おもりを落下させる際に発生する力を杭に当てて、杭を地面に打ち込んでいます。杭に加えられた外力は杭を通して地面に伝えられます。それに抵抗する力は生じませんので、杭は地面の中に埋まっていきます（図3-1-2)。

それに対し、プレス機械では金型に加えられた外力に対して反対向きの力（**反力**）が発生して、お互いの力がつり合うことで外力を相殺しています。加工時に発生した力を外部に放出せず、プレス機械全体で受け止めるということは、プレス加工においてとても重要なことなのです。

外力につり合う反力が生じないと、上型が上下運動するたびに振動が生じてしまいます。そうなると、精度の高い製品が作れないばかりか、機械や金型の破損などを引き起こす原因にもなりかねません。プレス機械のフレームが頑丈に作られているのは剛性を確保するためで、機械に発生した力を受け止めています。

図 3-1-1　手加工とプレス機械を使う加工

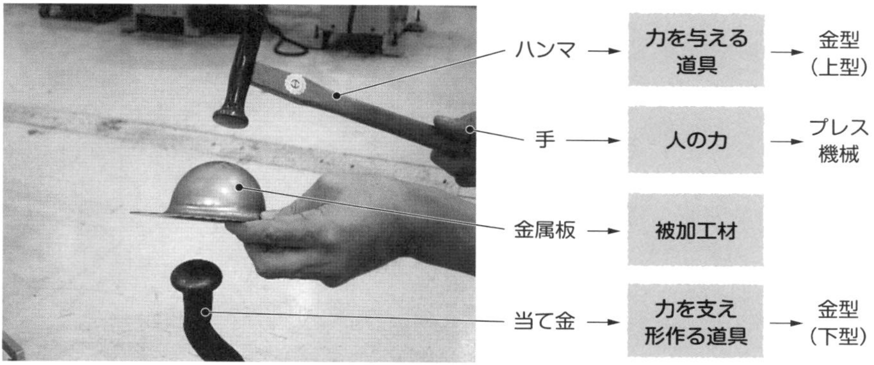

図 3-1-2　外力と反力

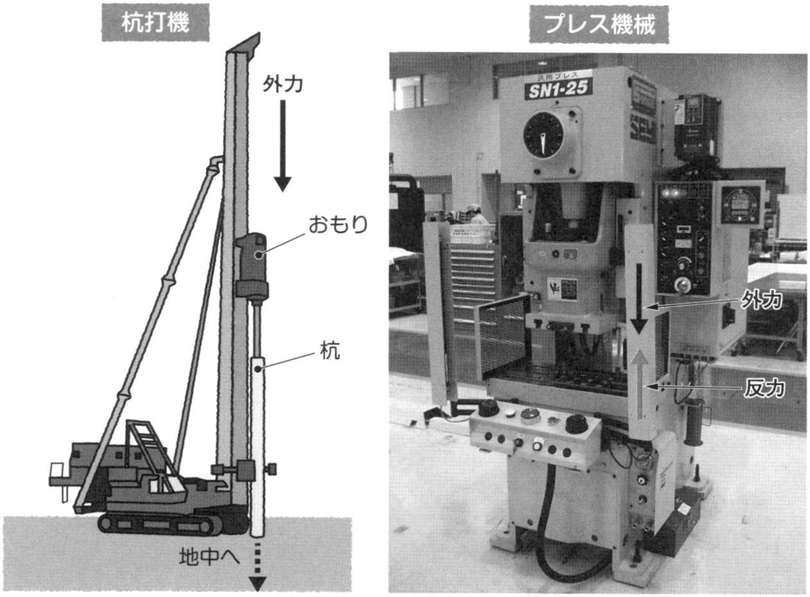

3-2 プレス機械の種類

一見するとどれも同じように見えるかもしれませんが、プレス機械には多様な形式があります。上型を装着したスライドを上下に動かす力の発生源で分類すると、機械式と液圧式に大別されます。

機械式（**機械プレス**）は、モーターが出力したエネルギーで**フライホイール**（はずみ車）を回転させて、その慣性エネルギーでスライドを動作させます（図3-2-1）。

フライホイールを用いず、**サーボモーター**だけでスライドを動かすタイプもあります〈➡ p.174〉。液圧式（**液圧プレス**）は液体（水や油）を加圧し、その圧力を利用してスライドを動かしてプレス加工します。

それぞれの特徴などを表3-2-1にまとめました。生産現場では、機械プレスが多く使用されています。

●主流は機械プレス

機械プレスでスライドを駆動する機構には、大きく分けると以下の3種類があります（図3-2-1）。

①クランク機構

上下運動とも同じような動きを実現する機構です。この機構が多く採用されているのは、他の機構に比較して簡単であることや、多くの加工に向いていて無難なことが理由です。この機構をもつ機械プレスを**クランクプレス**といいます。

②リンク機構

スライド下降時はゆっくりと動き、上昇時には速く動きます。絞り加工では加工時はゆっくりとした速度のほうが成形に効果を発揮しますが、上昇・下降とも同じ速さでは生産性の低下を招くことから、それを避けるために考えられた機構です。

③ナックル機構

上下運動でスライドが最も下がった位置（**下死点**という）で速度が非常に

遅くなる特性を利用して、硬貨などの加工をする鍛造作業に用いられます。クランク機構よりも剛性は高いです。

図 3-2-1 機械プレスの駆動機構

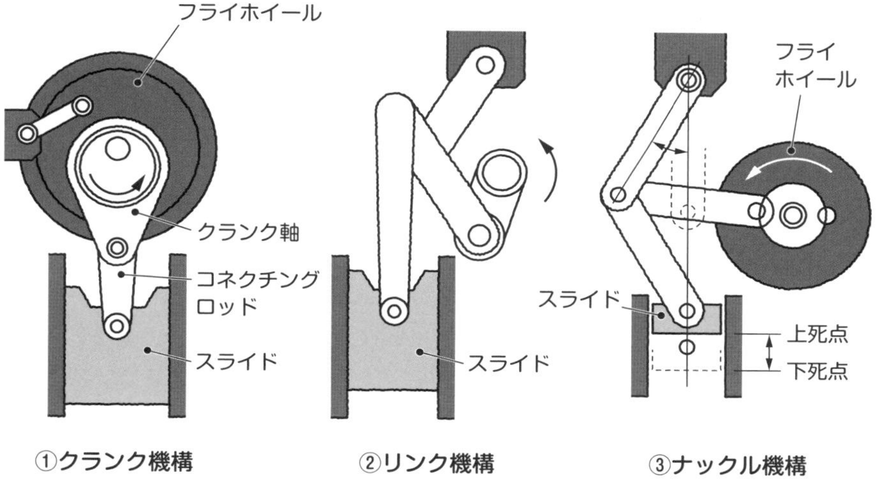

表 3-2-1 機械プレスと液圧プレスの機能比較

機能	機械プレス	液圧プレス
加工の速さ	液圧プレスに比べてはるかに速い	機械プレスに比べてとても遅い
ストローク長さの限度	600〜1000 ミリ	かなり長いものを比較的楽に作れる
ストローク長さの変化	一般に難しい	極めて容易
ストローク終端位置の決定	普通の機械では正確に決まる	普通の機械では正確に決まらない
加圧速度の調整	できない	容易
加圧力の調整	難しい	容易
加圧力の保持	できない	容易
プレス本体に過負荷が生じることの有無	生じやすい	生じない

3-3 クランク機構の構造と特徴

プレス機械に最も多く使われている**クランク機構**について解説します。クランク機構は**フライホイール**や**クランク軸**（**クランクシャフト**）、**コネクチングロッド**（**コンロッド**）、コネクチングスクリュー、スライドなどで構成されています（図 3-3-1）。クランク軸は、コの字形をしたクランク形状をしていることからこう呼ばれています。

ガソリンエンジンは、ピストンの上下運動を**コンロッド**を介してピストンとつながっているクランク軸によって回転運動に変えています〈➡ p.31・図 2-4-1〉。ピストンをスライドに置き換えると、動きがイメージできると思います。ただエンジンでは燃焼エネルギーをピストンが受け、その力をクランク軸に伝えていますが、プレス機械の場合はモーターが生み出した動力エネルギーをクランク軸からスライドに伝えており、力の流れは逆向きです。実際のプレス機械には、図 3-3-1 のようなクランク機構が組み込まれています。

●スライドの位置で圧力が変わる

クランクプレスに代表される機械プレスでは、スライドの位置によって発生する圧力が変わります。スライドの位置が**下死点**に近づくほど圧力は高まり、スライドが下死点に達すると（プレス加工が行われる範囲）、最も高くなります。

この最大圧力は、プレス機械が材料に加えることのできる最大加圧能力を表します。プレス加工は、スライドが下死点に達する手前から開始され、下死点で終了しますので、この**加圧能力**はそのプレス機の能力を表すことになります。液圧プレスはスライドがどの位置にあっても発生する圧力に変化はありません。この点が**機械プレス**と**液圧プレス**の大きな違いといえます。

スライド位置を角度で表示することがあります。その場合、**上死点**を 0 度（時計の 12 時の位置）、下死点を 180 度（同じく 6 時の位置）とする時計回りの角度表示がよく利用されます。

上死点と下死点の間を上下運動する距離を**ストローク長さ**といい（図 3-3-

2)、クランク軸の偏心量（回転しているクランク軸（シャフト）が振れる量）の2倍です。

図 3-3-1　クランク機構のイメージ（実物のモデル化）

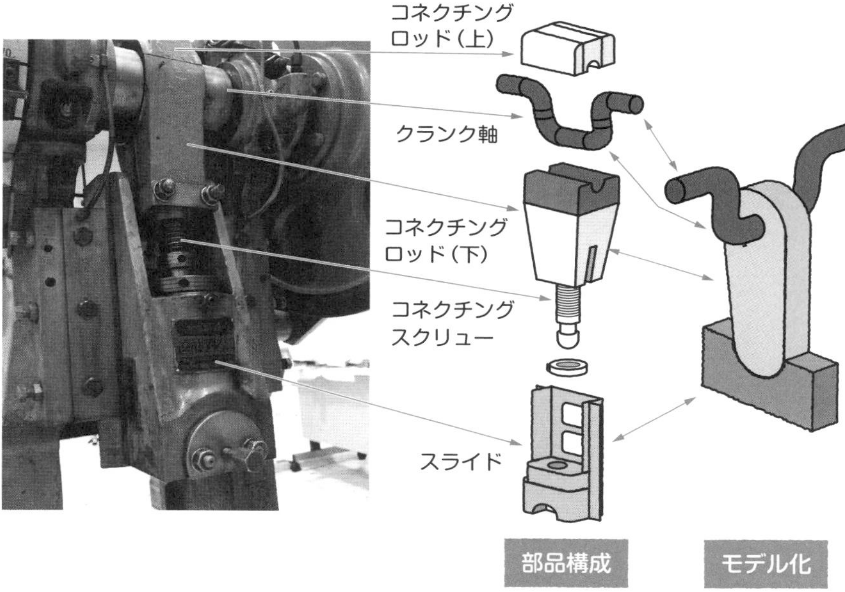

図 3-3-2　クランクプレスの動作

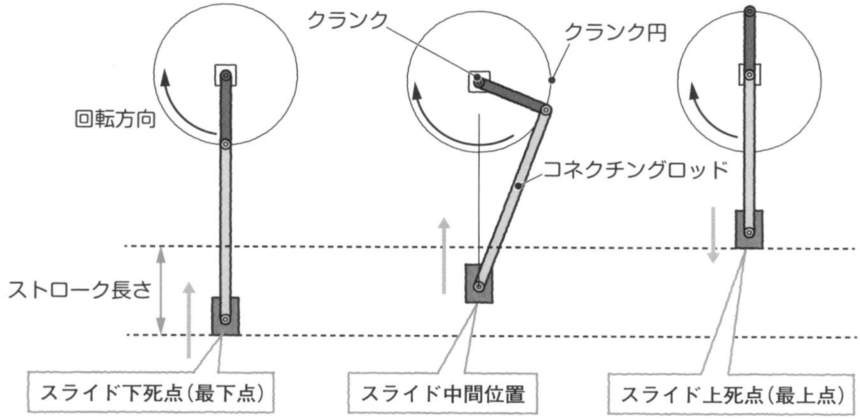

3-4 プレス機械のフレーム構造

p.44で、プレス機械は頑丈に作られていると説明しました。加工に用いられる**外力**とそれと同じ大きさの**反力**に耐え、かつ加工精度などを保つためです。プレス機械の頑丈さは、プレス機械の本体である**フレーム**によってもたらされています。

●2種類のフレーム形式

代表的なフレーム形式には、横から見た形がアルファベットのCに似ていることから名づけられた**C形フレーム**と、フレームの四隅に柱（コラム）がある**ストレートサイドフレーム**があります。両者にはそれぞれ長所と短所があります。

①C形フレーム

C形フレーム（図3-4-1）は、**ボルスタ**の前と左右が開いていることから、作業性に優れています。その半面、フレーム剛性や動的精度〈➡ p.58〉はやや低下します。短所は、加圧時にフレームが伸びて変形する（口開きするといいます）ことです。口開きは、加工精度や金型寿命に悪影響を及ぼします。加工現場では加圧能力に対し、余裕をもたせてプレス作業することで、口開きを避けています。C形フレームは、作業性の良さから汎用プレス機械の主流になっています。

②ストレートサイドフレーム

ストレートサイドフレーム（図3-4-2）は、フレーム剛性を高めることで製品の高精度や高信頼性などを狙ったプレス機械です。ボルスタの四隅に柱を建てることで口開きが起こらないようにしています。精度と信頼性を優先したことから、金型の交換などに時間を要するほか、C形と比べると作業性は少し見劣りするのが短所です。自動加工用プレス機や高速プレス機の多くに採用されています。

フレーム本体は、鋳造あるいは鋼板を溶接して製造されます。大型機を筆頭に、鋼鈑溶接構造が主流を占めています。

図 3-4-1　C 形フレーム

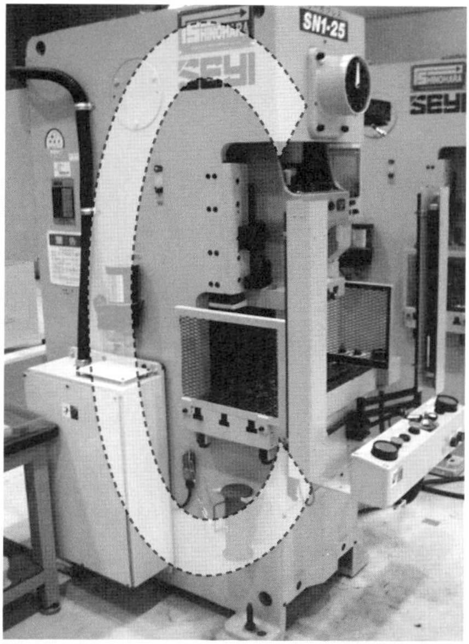

プレス機械の側面から見るとアルファベットのCの形状になっているので「C型フレームプレス機械」といわれる。プレス機械の前面と両側面の３方向に、安全に留意して材料供給や製品取り出しなどが比較的自由に配置できる。また形状から加工時にプレス機械の前面が開く「口開き」現象が生じる

図 3-4-2　ストレートサイドフレーム

金型を載せるボルスタを４隅から挟むようにして、柱でスライド上下運動を支える形式のフレーム。４隅に柱があるので、材料供給や製品取り出しなどに制限が生じる。加工時のフレームの変形はC形フレームと異なり、中央部が開く傾向があるが、口開き現象は生じない

3-5 プレス機械の3能力

プレス機械の能力は公称能力、仕事能力、トルク能力の3つで表されます(図3-5-1)。加工する際、その加工に適した仕様を選ぶ必要があります。能力が不足していると機械の破損や製品精度の不良などの不具合を招きかねません。

●プレス機械の仕様

①公称能力

クランク機構の下死点で発生する圧力(スライドが金型を押す力)は、理論上は無限大となります〈➡ p.48〉。安全や加工精度を確保するため、フレームを含む各部品が耐えられる荷重は決められており、プレス機械の目立つところにその数値が表記されています。○○トンもしくは□□□ kNと、機械への影響や金型寿命などとの兼ね合いを考慮して、使用できる限界荷重が決定されます。これが**公称能力**です。

②仕事能力

1回の加工ごとに使えるエネルギー量のことです。**クランクプレス**は、加工時は必要な力を維持し続けなければなりません。**クランク軸**を回転させるためには、大きなエネルギーが必要です。その役割を**フライホイール**が担っています(図3-5-2)。

フライホイールの回転により生じたエネルギーはクランク機構の稼動とプレス加工で消費されますが、次の加工までにそのエネルギーが100%回復すれば、連続加工は可能になります。そのためフライホイールの回転エネルギーと加工などで消費されるエネルギーとの関係が重要なポイントになります。プレス加工においては、生産プロセスや加工荷重(発生位置)などを考慮して、

プレス機械のもつエネルギー>プレス加工で消費するエネルギー

の関係を守ることが必要不可欠になります。**仕事能力**は「公称能力×トルク能力」で計算できます(図3-5-1)。

③トルク能力

スライドのストローク位置で発生荷重が変わることから、公称能力の荷重が使用できる下死点からの距離が**トルク能力**（圧力発生位置）です。単位はmmで表し、「トルク能力は5mm」というように示します。

図 3-5-1　機械プレスの3能力

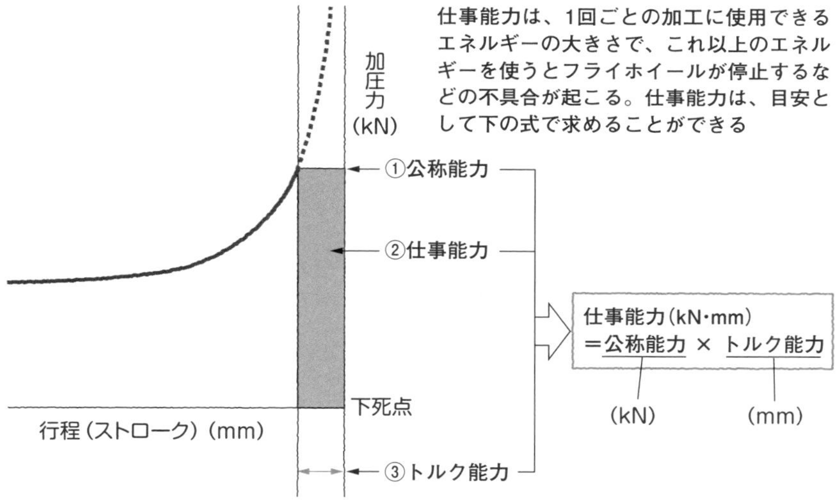

図 3-5-2　フライホイールの役割

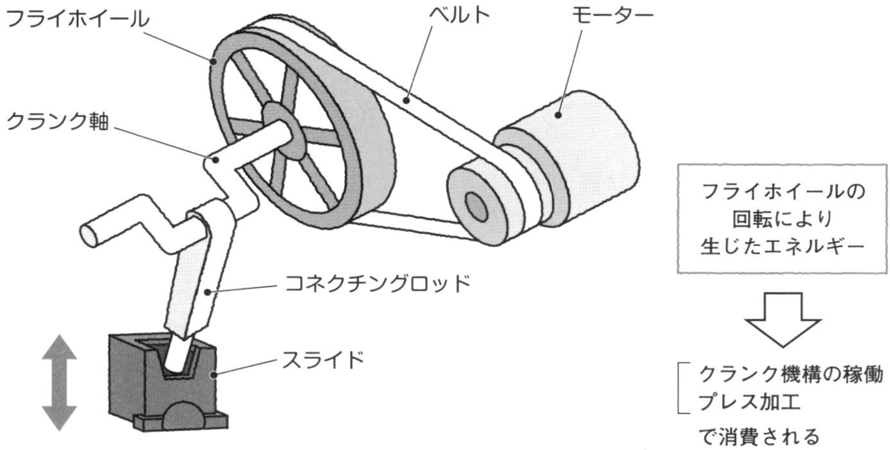

3-6 プレス機械の理想的な動き

プレス機械は頑丈に作られているので、**フレーム**などが目で見てわかるくらい変形することはありませんが、実際のところは稼働中わずかながらも変形（弾性変形〈➡ p.74〉）しています。上型を装着した重量のある**スライド**が上下に動くプレス機械の場合、この変形は加工精度などに悪影響を及ぼします。それだけに、変形量を減らすスライドの動きは重要です。

理想的なスライドの上下運動を単純化すると次のようになります。「スライドと**ボルスタ**の中心に荷重がかかる状態で、これらが平行度を維持しながら、スライド全面がボルスタ面の垂直軸に沿って上下する」（図 3-6-1）。

この動作は必要不可欠ですが、プレス加工の方法や機械の精度などにより、スライドが理想どおりに上下動しないことは珍しくありません。スライドが垂直ではなく斜め方向に下降したり、斜め状態あるいはうねりながら下降したりすることが見受けられます（図 3-6-2）。

●振動が与える悪影響

スライドが真っすぐに下降しない原因は、行程中の位置によってスライドにかかる荷重にバラツキが生じた結果です。荷重の中心が常にスライドとボルスタの中心（左右および前後）にかからず、ばらつく現象を**偏心荷重**といいます。偏心荷重が生じると、パンチの下面とダイの上面には均一に圧力がかからなくなりますから、金型寿命を短くし、製品精度を低下させ、また安定した生産を妨げる大きな要因となります。

さらにプレス加工では被加工材に強い圧力を加えることで成形しているので、加工のたびに衝撃が生じ、絶えず振動が起きています。この振動は、「ハンマの反動」のような衝撃により生じるもので、加工時はプレス機械自体も振動してしまいます。この現象もプレス加工にとってはマイナス要因です。加工が終了すると振動は次第に収まっていきますが、生産性などを高めるために、この振動についてもできる限り短時間で減衰させることが重要になっています。

図 3-6-1　プレス機械の理想的なスライドの動き

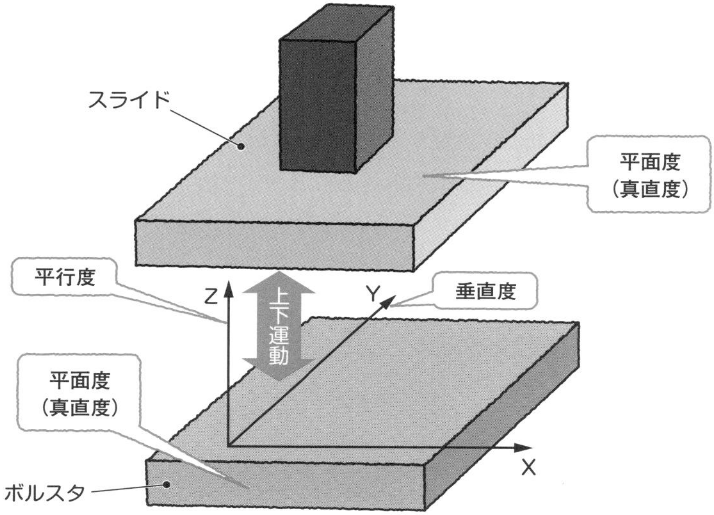

プレス機械の動きで重要な点は、スライドがボルスタに「平行」の状態で、かつボルスタに対して「垂直」に上下運動を行うこと

図 3-6-2　プレス機械の精度に関わる要因

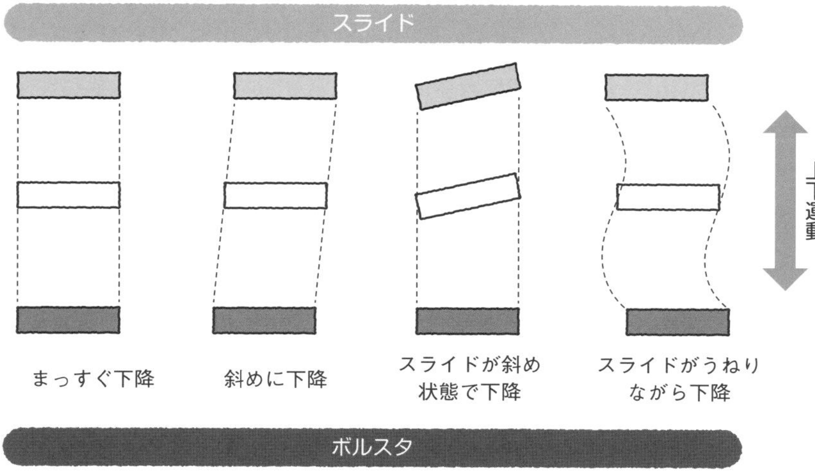

スライドが下降するときの状態が変化する可能性がある。これらが生じる原因や、プレス機械の精度検査の重要性を理解することが、安定した生産には非常に大切である

3-7 プレス機械の静的精度

プレス機械の精度には、負荷をかけない状態での**静的精度**と負荷をかけた（加工している）状態での**動的精度**があります。JISでは静的精度を規定しています。スライドが上下運動する際の理想的な動きについては前項で解説しましたが、その判断指針となるのが静的精度です。

●静的精度の主な種類

静的精度には、以下のような種類があります（図3-7-1）。

①ボルスタの真直度

ボルスタ面が真直でないと、下型（ダイ）の下面とボルスタの上面が密着しなくなることから、上型（パンチ）が**下死点**に達したときの加圧力は安定さに欠けます。

②スライドの運動方向とボルスタの垂直度

スライドはボルスタ面に対して垂直移動だけを行うことが基本ですが、斜めに動いたりします。このような動き方をすると製品の品質に悪影響を及ぼしたりガイドポストの摩耗を早めたりします。

③スライドとボルスタの平行度

スライドがボルスタ面上の垂線に沿って垂直運動しても、この部分間の平行度に難があると金型寿命を短くするほか、曲げ角度や絞りのしわ押さえに悪影響を及ぼします。

④シャンク穴・スライド下面の直角度

シャンク穴が、スライド下面に対して垂直にあいていないと上型は曲がって装着されてしまいます。

⑤総合すき間

スライド連結部を構成する部品のすき間です。JISでは5％の油圧をスライドにかけて押し上げたときの変位量を測定します。

これらの項目の数値が規格内に収まっていれば、高い製品精度のプレス加工が可能になります。

図 3-7-1　プレス機械の静的精度

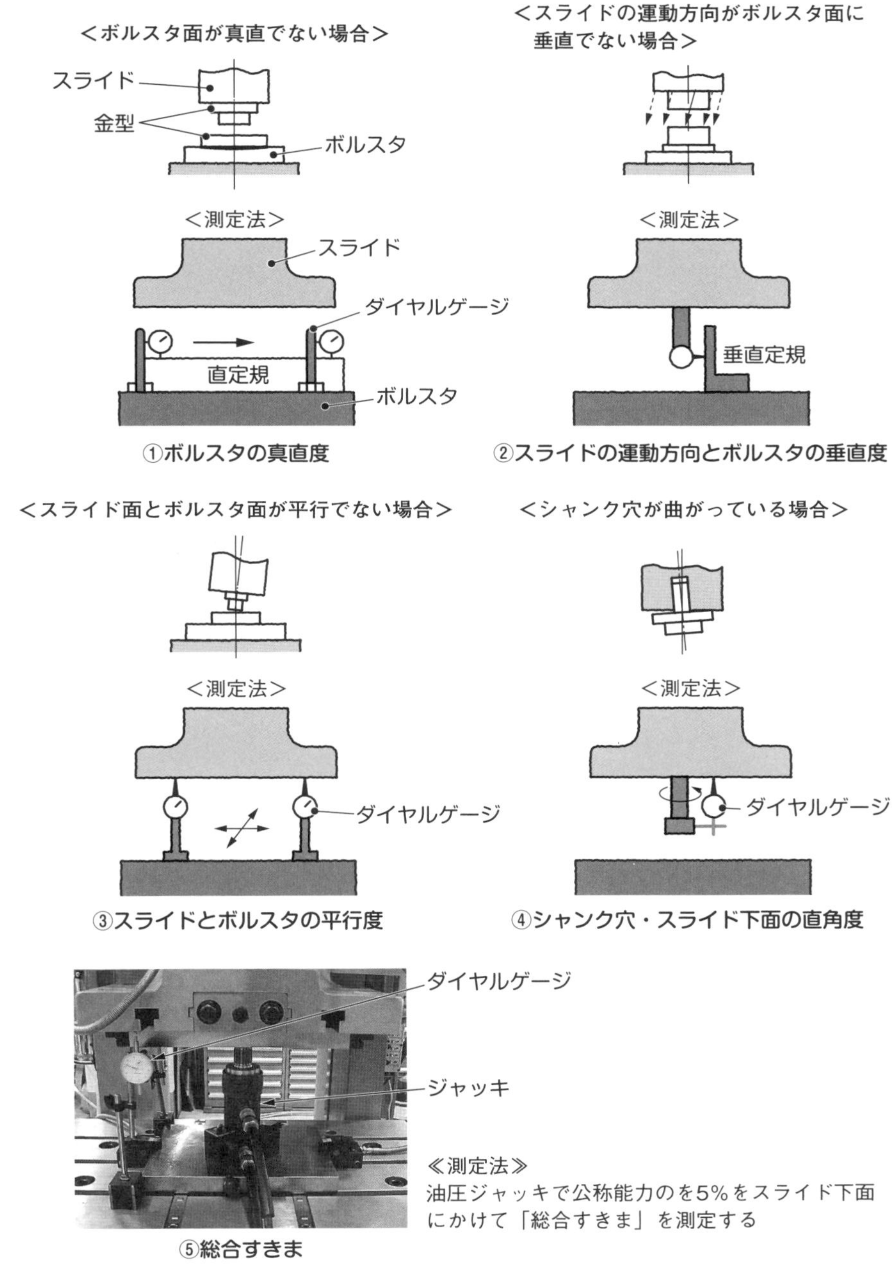

3-8 プレス機械の動的精度

プレス加工ではプレス機械の静的精度だけでなく、加工時の精度、すなわち**動的精度**も重要です。実際に加工を行うと、プレス機械本体の伸びやたわみに関係する**フレーム剛性**や、**スライド**が上下運動する際の動きなどが製品の成形性および寸法精度、金型寿命に大きな影響を及ぼすからです。負荷によるプレス機械各部の変形を最小限に抑えることで、加工品精度への影響は少なくなります。

プレス加工では、打抜きをはじめ曲げ、絞りなど、加工法により**負荷特性**（荷重のかかるプロセス）が異なることや、それぞれの加工には特有の精度要求もあることなどから、同一の基準や仕様で動的精度を決めることは難しいため、実務に合わせて条件を設定しています。

●動的精度の主要項目と測定

動的精度に関する項目としては、

・運動時のスライド下面とボルスタとの平行度
・スライド位置の変化（位置・変位）
・スライドの慣性・ブレークスルー

などがあげられます。

実際に動的精度を測定する場合は、以下の項目をチェックします。

①偏心荷重

偏心荷重のバラツキが大きくなると、スライドが傾いてしまいます。フレームの左右に荷重計を設置してそれぞれの値を測ります（図3–8–1）。

②ブレークスルー

スライドが下降してパンチがダイに接触すると、フレームは開き始めます。加工が終了すると、伸びて開いていた状態からの反動でフレームは閉じる方向へ動き、多少振動が発生します。この現象を**ブレークスルー**と呼びます。

金型にセンサーを取り付けて、実際に加工して測定します。測定結果は、スライドの軌跡を連続して記録することによって、その動き具合を読み取ることができます（図 3-8-2）。

③下死点位置の変化

下死点位置が変わると曲げ角度などが変化してしまいます。

図 3-8-1　偏心荷重の測定

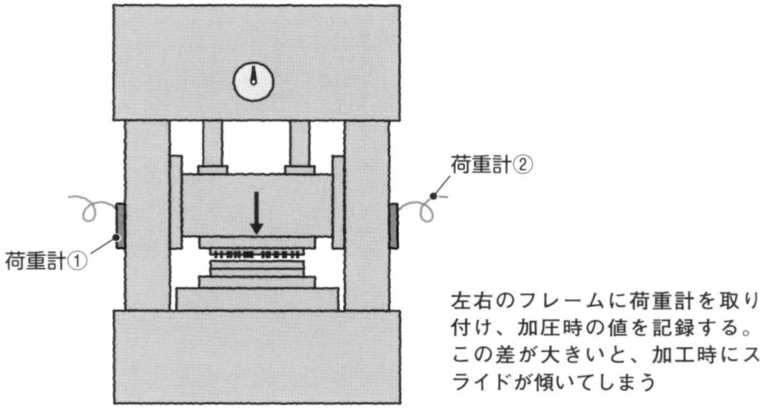

図 3-8-2　抜き加工でのブレークスルーの測定

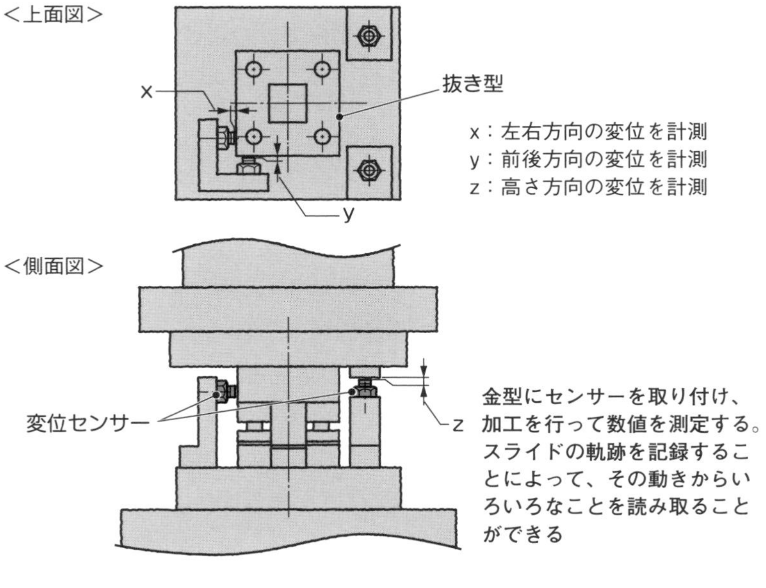

3-9 カウンターバランスの役割

●スライドの円滑な動きを支える

フライホイールによって生み出されたエネルギーを伝達する**クランク軸**と、スライドとクランク軸を結ぶ**コネクチングロッド**には〈➡ p.49・図 3-3-1〉、それ自体の重量に加えスライドなどを保持しながら動いているため、常に高い荷重が加わっています。クランク軸とコネクチングロッドの締結部分には、円滑な可動と潤滑のために**クリアランス**（**すき間**）が設けられています（図 3-9-1）。このすき間は、クランク軸が回転している間、常に一定というわけではありません。スライドの**上死点**では重量物を釣り上げている関係で、すき間は下部が広がります〈➡ p.49・図 3-3-2〉。

逆に、**加工力**が発生する**下死点**では、上部が広がります。これに**加圧力**の衝撃が加わります。つまり、稼働時はすき間が絶えず変化しているわけです。すき間が変化するということは、プレス加工においては好ましい状態ではありません。製品精度に大きな影響を及ぼすからです。そのため、すき間をできる限り均一に保つ必要があります。そのための機構がスライドを釣り上げる**カウンターバランス**（**バランスシリンダ**）で、ほとんどのプレス機械に設置されています（図 3-9-2）。この機構は、スライドのスムーズな下降および上昇にも効果を発揮しています。

●カウンターバランス活用上の注意点

カウンターバランスを効果的に活用するためには以下のことについて留意する必要があります。空気ばねのような構造をもつものでは、クランク軸からスライドを動かすために使われる部品間のすき間を、スライドに取り付けられた上型の重量に応じてなるべく一定の値を維持するように調整します（図 3-9-3）。ただし、実際の加工では衝撃を伴うプレス加工時は、一定の空気圧を維持することは難しく、当然のことながら、段取りの段階で金型重量が変化すれば、すき間を再調整しなければなりません。プレス機械ごとに「許容上型質量」が設定されているので、このことについても配慮します。

ダイナミックバランサーという機構もありますが、これはカウンターバランスとは異なり、プレス機械の加工時の振動を緩和するものです。

図3-9-1　クランク軸とコネクチングロッドのクリアランス

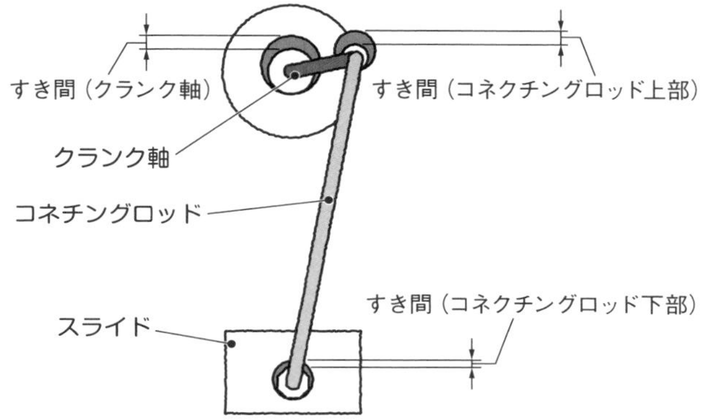

図3-9-2　カウンターバランス（バランスシリンダ）

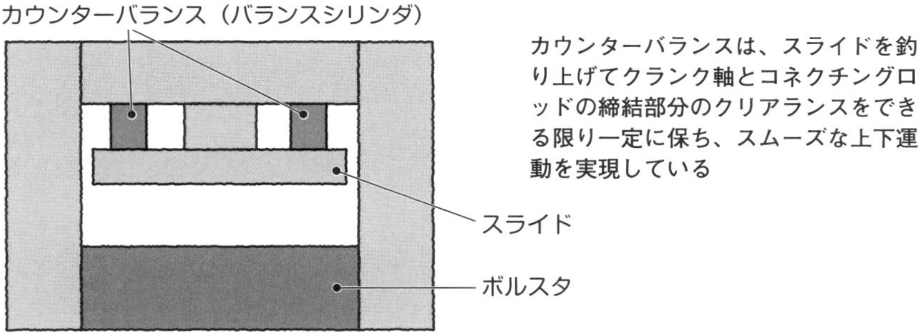

図3-9-3　金型重量とカウンターバランスの圧力

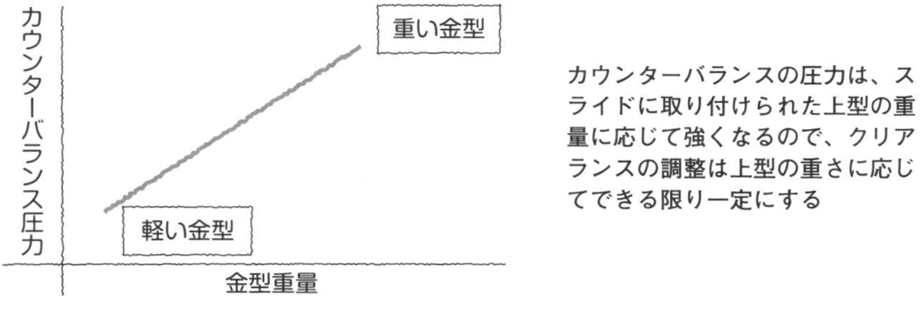

3-10 プレス機械の仕様

プレス機械には、取扱説明書（分厚いものが一般的です）が添付されていますが、あまり読まれていないようです。メーカーが異なっていても操作方法は基本的には同じであることや、多少無理な取り扱いをしても大丈夫と思われていることがその要因かもしれません。それにより、意外と重要なポイントを見逃しているかもしれませんし、プレス機械の寿命やトラブルを引き起こす原因につながっている可能性もあります。金型トラブルを引き起こすことも考えられます。ですので、最低でも機械に貼られている**仕様プレート**程度は確認できるようにしておきたいものです（図 3-10-1）。

●仕様プレートの要点項目

①スライドの寸法およびボルスタの寸法

これは単にボルスタに取り付けられる金型のサイズを示したものではありません。プレス機械の設計基準はボルスタ前後左右の寸法の 2/3 に等分布荷重をかけることが前提となっています。ですので、極端に小さい金型ではボルスタの弾性変形を大きくする危険性が生じます。

②ダイハイトとスライド調整量

プレス機械の能力を十分に活用するために、理解しておく必要があります。コネクチングロッドとスライドの間にはスライド位置をネジ式で調整するスライド調整装置が装備されています。スライドを**下死点**にして、**スライド調整量**を上限にした状態でのスライド下面とボルスタ上面までの距離を**ダイハイト**といいます（図 3-10-2）。これは、この距離以上の高さをもつ金型は取り付けられないことを表しています。

③最大停止時間

プレス作業での安全装置起動に必要な「危険を感知して安全装置が起動するまで」と「安全装置が起動してからスライド停止まで」の時間の合計です。作業者の安全確保のための安全距離は下記式で決められます。

手の最大移動速度 1.6(m/s)×最大停止時間(ms)＝安全距離(mm)

図 3-10-1　仕様プレートの例

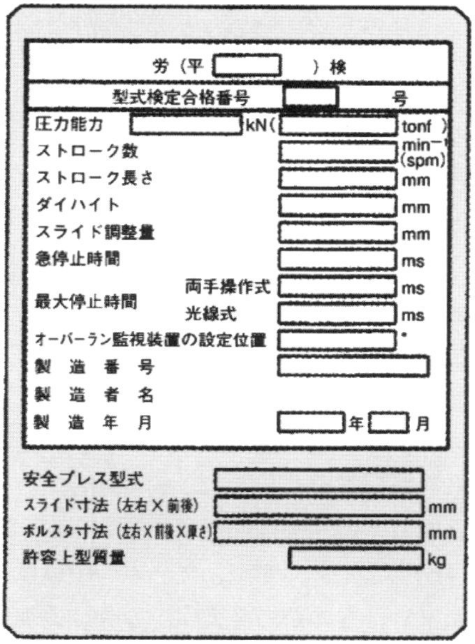

トラブルを避ける、あるいはプレス機械の寿命を伸ばすためには、取扱説明書の内容を把握しておくことが望ましいが、最低でも仕様プレートは常に確認するようにする

図 3-10-2　プレス機械のダイハイト

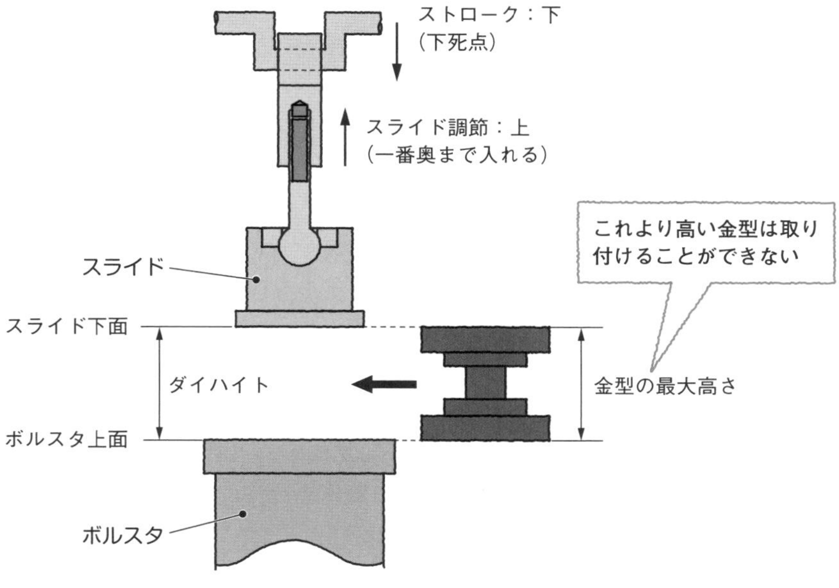

身近な加速度センサの利用

プレス機械のスライドは、ガイドに沿って上死点と下死点の間を往復運動することで加工を行っています。理想的なスライドの動きは、ボルスタの鉛直方向に真っ直ぐ下降することですが、スライドに付けられた上型や温度によるフレームの変形、荷重による加工時のフレームの変形によって下死点が動くために、必ずしも理想的な動きとなっているわけではありません。身近な現象では、抜き加工で見られるプレス機械のブレークスルー〈➡ p.58〉がありますが、スライドの挙動を注視することや、その位置を逐次測定することの重要性を実感していただけるのではないでしょうか。

しかしながら、現状の生産設備に直接的に利益を生むことが少ない新たな測定機器やセンサを導入するには、コストが大きな問題になります。

●身の回りのものを利用して低コストを実現する

そこで、身近なものを活用することを考えてみてはいかがでしょうか。たとえば、多くの方が利用しているスマートフォンですが、ゲームの中にはスマートフォンを動かしたり傾けたりして行うものがあります。これは、加速度センサが内蔵されていることで可能になっています。

加速度センサは、1 秒間の速度変化（加速度）を測定するセンサです。測定するものの中には重力加速度も含まれるため、人の動きや振動などが検知できます。3 軸方向（X 軸・Y 軸・Z 軸）に適応するセンサであれば水平状態を検出できます。カメラの「手ぶれ補正」や「歩数計」などにも加速度センサの機能が応用されています。

さらに、加速度センサを表示・記録できるアプリケーションを手に入れることもできます。つまり、スマートフォンを低価格で簡易的な測定器として活用することができるのです。具体的には、スマートフォンをスライドに固定して、スライド運動から重力加速度の変化測定を行うことが可能になります。さらにプログラム化によって、異常を検出した際のメールを送信することも可能です。

より低価格を指向するならば、3 軸方向の動きを検知できるゲーム機のコントローラがあります。実際に手で動かしてゲーム上の「ボールの打ち返し」などが可能になるものですが、これを単体で利用することができます。

第4章

被加工材の基礎知識

プレス加工を理解する方法のひとつとして考えられるのが、
「プレス加工をイメージする」ことです。
金型に挟まれ、力が加えられることでプレス加工されて製品となるのが
「被加工材（素材・材料）」ですが、
この立場になって動きや変形をイメージすることが大切になります。
この章では、被加工材が引張られたり、縮めたりされる際に生じる現象や
挙動の原理・原則について確認してみましょう。

4-1 被加工材の種類と形状

プレス加工に使われる材料は、鉄鋼や非鉄といった金属が主流となっています。この中で最も多く使われているのは**軟鋼板**と呼ばれる鋼材です。軟鋼板には冷間圧延鋼板と熱間圧延鋼板があります（表 4-1-1）。

冷間圧延鋼板は表面がきれいで板厚精度が高く、加工性も良好なことから一般向けから深絞り〈➡ p.120〉まで幅広く使われています。用途は家電製品や家具・事務機などです。

熱間圧延鋼板は自動車や電気・電子部品などに使われています。自動車分野では昨今、軟鋼板より引張り強度に優れた**高張力鋼板（ハイテン）**〈➡ p.70〉がプラットフォーム（車体の基本構成部分）の主要構造材として使われるようになっています。高い剛性などを維持しながら軽量化を推進する格好な素材だからです。錆を嫌う分野では防錆効果の高いステンレス鋼板が使われています。

非鉄には銅やアルミニウム、チタン、マグネシウムなどがあります。これらは素材単独ではなく、合金にして（銅合金やアルミ合金など）使われるのが一般的です。

●形状の種類

被加工材はコイル材、定尺《ていしゃく》材、切板（スケッチ材）などの形で供給されています（図 4-1-1）。

コイル材は鋼板をロール状に丸めたもので、鋼製の巨大なトイレットペーパーをイメージするとわかりやすいかもしれません。**定尺材**はサイズなどが規格化されている板材です。たとえば、914mm×1829mm（呼称はサブロクで、表記は 3×6）や 1219mm×2438mm（呼称はシハチで、表記は 4×8）などのようにです。厚さについても規格化されています。**切板（スケッチ材）**はサイズを指定して入手します。

大量生産用として用いられるのはコイル材で、生産効率や経済性が優れていますが、その反面加工に用いられずに捨てる部位が多いという難があります。そのため価格は上がるものの破棄する部分が少ない材料を用いるかどうかの判断は、加工品の生産数や大きさ、保有している設備、機械の種類などをもとにして検討することになります。

表 4-1-1　プレス加工に使われる代表的な薄板

	JIS 番号※	特徴	主な用途
冷間圧延鋼板	SPCC SPCCT	一般用。表面が美しく最も多用されている。曲げ加工および簡単な絞り加工に適している	冷蔵庫のドア、自動車のドア、鋼製家具、配電盤、その他小物部品
	SPCD	絞り用。SPSE に次ぐ優れた絞り性をもっている	自動車のルーフ、ボンネットなど
	SPCE SPCEN	深絞り用。冶金学的に結晶粒が調整され、深絞り加工後も美しい表面が保持できる	自動車のリヤフェンダ、フロントパネル、ドア、ドアインナなど
	SPP	ほうろう用鋼板。あらゆるほうろう製品に最適な鋼板	浴槽、鍋、湯沸かし器、流し台、ポットなど
熱間圧延鋼板	SPHC	一般に幅広く使用され、平板および曲げ加工程度に用いられる。簡単な絞り加工も可能。2mm 以上の中・厚板が多い	車輌、電気器具、鋼製計器、配電盤などの外板および各種部品
	SPHD	主として絞り加工に適する鋼板	自動車の各種部品、プレス加工用モーターケース、ガスシリンダ、電気器具などの深絞り部品
	SPHE	主としてキルド鋼で製造され、材質が均一で複雑な深絞り加工に適す	
	SAPH310 SAPH370 SAP4400 SAPH440	強度保証を重視し、プレス加工性を考慮して伸びおよび用途別に厚さ許容差が厳しく規定されている鋼板	自動車のフレーム、クロスメンバ、ホイールなど

※ JIS 規格については p.72 参照

図 4-1-1　切断済みの板材の種類

4-2 被加工材の製造プロセス

●鋼板ができるまで

プレス加工で最も多く使われている基本的な**被加工材**である鋼板が作られるプロセスを解説します（図 4-2-1）。

①製銑《せいせん》工程

焼結炉で原料の鉄鉱石を石炭から作られたコークス、石灰石とともに焼き固めます。製鉄とは関係がないように思える石灰石を加えるのは、鉄鉱石に含まれる鉄以外の成分を取り除くためです。これらを溶鉱炉に入れ、酸素とともに熱風を吹き込んで鉄鉱石を溶かします。溶かされた鉄鉱石は銑鉄に変わります。この過程で鉄鉱石は銑鉄と不純物に分かれます。

②製鋼工程

溶鉱炉から出た銑鉄は、この時点でも不純物が多いため、それを取り除くため転炉で精錬を行います。この段階で、鉄（炭素の含有量が 0.02 %以下を純鉄という）に特定の物質を混ぜて工業価値の高い品質を保った状態である鋼（炭素の含有量が２%以下のものを炭素鋼という）を作ることもあります。でき上がったものを鋼塊《こうかい》といいます。

③圧延工程

鋼塊を圧延して板材にし、それを**コイル材**〈➡ p.66〉に加工して出荷します。一部はコイル材を切断して、定尺材や切板などにします。ところで、前項で**軟鋼板**には**冷間圧延鋼板**と**熱間圧延鋼板**があると説明しました。これらはこの圧延工程で作られます。「光沢があり光を反射する銀色」の冷間圧延鋼板は、室温で圧延加工されたものです。冷間圧延とは特に熱を加えないで延ばしたという意味です。冷間圧延鋼板を現場用語では「磨き」といいます。プレス加工用の冷間圧延鋼板は焼鈍加工を経て柔らかくされます。

「黒色で鈍く光る」熱間圧延鋼板は、1000 ℃の高温で圧延され、表面がミルスケール（黒皮）で覆われていることから、現場用語では「黒皮」といいます。両者の特徴を表 4-2-1 に示します。

図 4-2-1　鋼板ができるまでのプロセス

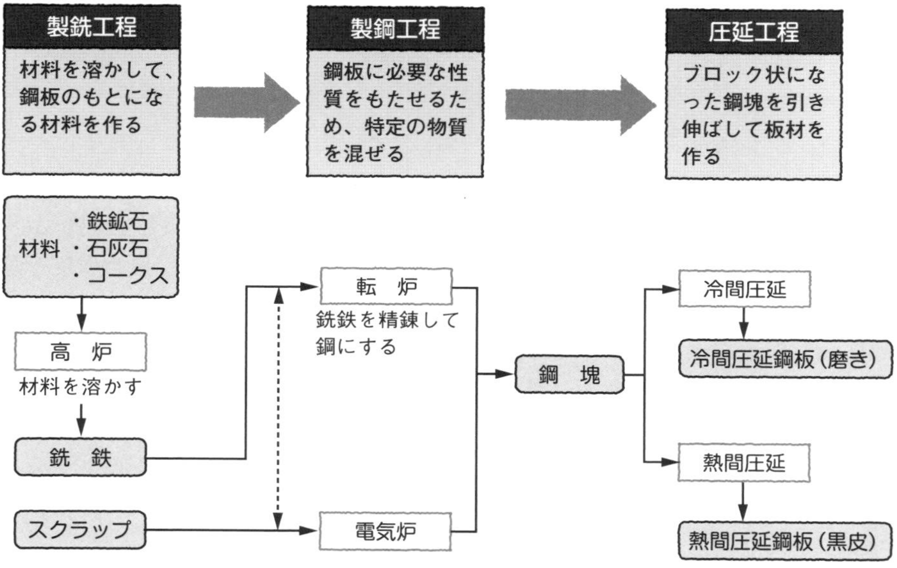

※鋼板が作られる過程の一部を示しています

表 4-2-1　冷間圧延鋼板と熱間圧延鋼板の特徴

			冷間圧延鋼板	熱間圧延鋼板
表面・寸法	表面粗さ（Rmax）		ダル仕上げ※1　3〜10μm ブライト仕上げ※2 0.25〜25μm	黒皮　〜20μm 酸洗い※3　〜20μm
	厚さ公差（幅 914mm）	厚さ　1.2mm	±0.08mm	±0.18mm
		厚さ　1.6mm	±0.11mm	±0.22mm
		厚さ　2.3mm	±0.13mm	±0.25mm
主な用途			自動車外板 （ルーフ、ボンネット、ドアなど）	自動車（強度部品） エンジン、ホイール、 ブレーキ、サスペンション
			電気製品 洗濯機外板、ストーブ反射板	電気製品 モーターケース、 コンプレッサーカバー

※1　ダル仕上げ：冷間圧延ロール〈➡ p.76〉のはだを一様に粗くして鋼板の表面を梨地状の光沢のない状態に仕上げたもの

※2　ブライト仕上げ：研磨した冷間圧延ロールで圧延し、鋼板の表面を平滑で光沢のある状態に仕上げたもの

※3　酸洗い：表面の酸化スケールを酸洗いで落とす。きれいな面を作る

4-3 高張力鋼板

昨今、プレス加工に**ハイテン**が使われるケースが増えてきています。ハイテン（High Tensile Strength Steel Sheets）とは、High Tensile Strength（高抗張力・高引張り強さ）Steel（鋼）Sheets（板）という英語表記が示すように、高い引張り強さを有する鋼板のことで、日本語では**高張力鋼板**と呼んでいます。

高張力鋼板が求められるようになった背景として、自動車の軽量化があげられます。燃費を向上させて二酸化炭素（CO_2）の排出量を減らすためには車重の削減が効果的です。ただ、その一方で安全性の確保も求められているため、車体には高い剛性も要求されます。その要求を満たすのが高張力鋼板なのです。

車体を構成する重要部位のうち、高い剛性が求められるメンバーやサイドシル、ピラーなどに高張力鋼板が採用されています（図 4-3-1）。

●高強度だが加工が難しい素材

プレス加工で一般的に用いられる冷間圧延鋼板の**引張り強さ**が 270MPa 以上であるのに対して、340MPa～790MPa のものが高張力鋼板です。さらに 980MPa 以上になると、**超高張力鋼板（スーパーハイテン）**と呼ばれます（図 4-3-2）。引張り強さの優れた素材は、破断に至るまでに加えられる荷重の値は高くなります。そのため、従来の板材より薄くても同等の引張り強度が得られるようになることから軽量化を可能にします。

一般的に、強度が高まると加工には困難さが伴うようになります。当然ながら、この傾向は機械的性質が優れたハイテンでも同様です。

曲げや絞りを行う際、軟鋼板を加工するよりも工夫やノウハウが必要となりますし、パンチをダイに押しつけた際の反発力も高まるので、スプリングバック対策はこれまで以上に重要になります〈➡ p.108〉。

精度が出しにくく、無理に力を加えると割れやしわ、型かじりによる表面形状の劣化などの不具合が生じかねません。この不具合の解消を図るため、強度の高い板材に対しては、加熱してからプレス加工するホットスタンピングが行われています〈➡ p.180〉。

図 4-3-1　自動車に使われている高張力鋼板

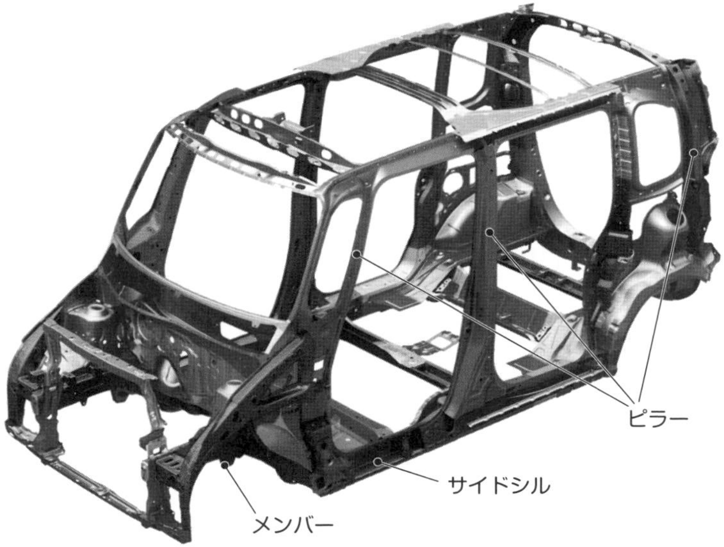

青色の部分が780MPa級以上の高張力鋼板（ハイテン鋼）

図 4-3-2　高張力鋼板の例

●自動車構造用熱間圧延鋼板（JIS G 3113）
記号：SAPH×××：310MPa～440MPa、厚さ1.6mm～14mm

●自動車加工性熱間圧延高張力鋼板（JIS G 3134）
記号：SPFH×××：490MPa～590MPa、厚さ1.6mm～6.0mm
記号：SPFH×××Y：540MPa～590MPa、厚さ2.0mm～4.0mm

●自動車用加工性冷間圧延高張力鋼板（JIS G 3135）
記号：SPFC×××：340MPa～590MPa、厚さ0.6mm～2.3mm
記号：SPFC×××Y：490MPa～590MPa、厚さ0.6mm～2.3mm
記号：SPFC×××Y：780MPa～980MPa、厚さ0.8mm～2.0mm

普通鋼板：270MPa以上、高張力鋼板：340～790MPa、
超高張力鋼板：980MPa以上

4-4 JIS規格

これまで日本工業規格という名称で親しまれてきましたが、2019年に日本産業規格に変更されました。略称はこれまでどおりJIS（Japanese Industrial Standards）です。わが国の産業製品に関する規格や測定法などを定めた国家規格ですが、経済・産業のグローバル化に対応するため、ISO規格などの国際規格とも整合性がとられています。

●冷間圧延鋼板のJIS規格

プレス加工で使われる被加工材も当然のことながら**JIS規格**で規定されています。最もよく使われる**冷間圧延鋼板**を例にして説明します。冷間圧延鋼板にはいくつか種類があり、SPCC（一般用）、SPCD（絞り用）、SPCE（深絞り用）、SPCF（非時効性深絞り用）、SPCG（非時効性超深絞り用）などと、JIS記号で区分されています（表4-4-1）。

炭素量が少ないことから、炭素を含有した炭素鋼に対して**普通鋼**とも呼ばれる**SPCC**は、JIS G 3141で冷間圧延鋼板および鋼帯に規定され、炭素量も0.15％以下になるよう定められています。さらにサイズごとに板幅および長さ、性状（中伸び・耳伸び・平坦度・そり・横曲がり）も規格が定められています（図4-4-1）。

一例をあげると、サブロク（厚さ2mm）では、長さの許容公差は+4mm（1000mm以上2000mm未満）で、板厚の許容公差は±0.07mm（板幅600mm以上1000mm未満）、板幅の許容公差は+3mm（1250mm以下：許容幅B）と規定されています。

SPCCについては強度を評価する引張り強さおよび伸びについての規定はありませんが、SPCDやSPCE、SPCF、SPCGでは設けられています。外観を重視する絞り加工製品に冷間圧延鋼板を使用する際、製品にストレッチャストレインと呼ばれる縞模様が出現して外観不良になることがあります。これは、引張り試験で**降伏点**〈➡ p.78〉が明確に現れることが大きな原因で、冷間圧延鋼板が製造されてからの日数を経ることで生じることがあります。

一般的なSPCCは、これに対する保証はありません。そのため、入荷後の保管期間を短くして、早急に加工することが必要とされています。SPCFとSPCGに関しては、6か月の非時効性（ストレッチャストレインが出現しない）が保証されています。

表 4-4-1　冷間圧延鋼板の種類と記号

種類の記号	適用
SPCC	一般用
SPCD	絞り用
SPCE	深絞り用
SPCF	非時効性深絞り用
SPCG	非時効性超深絞り用

図 4-4-1　JIS規格の性状

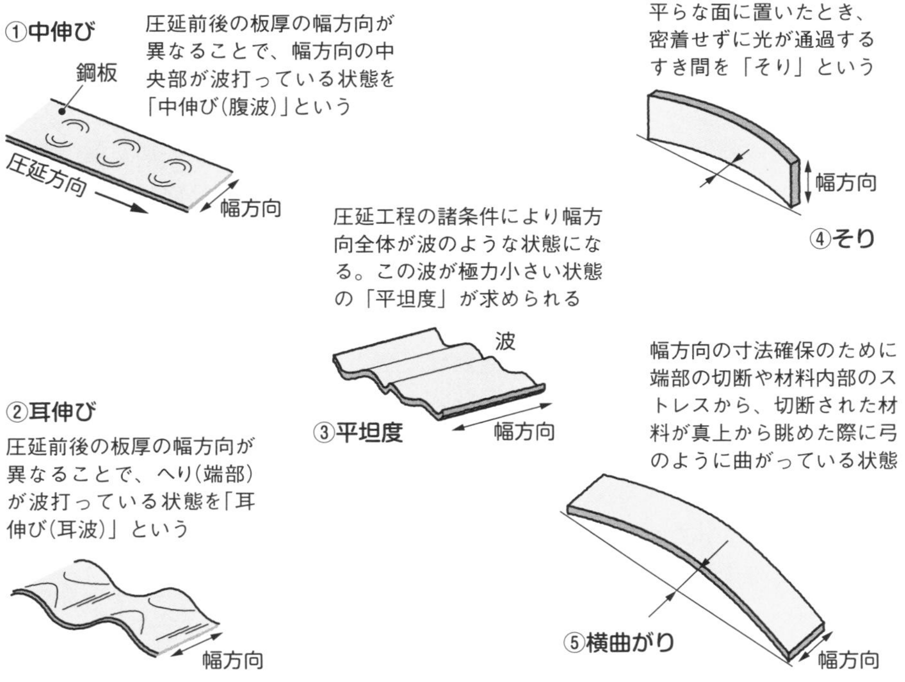

4-5 弾性と塑性

プレス加工では、**被加工材**（材料）を求める形に変えていきます。この形を変える変形には弾性変形と塑性変形の2種類があります。

弾性変形とは、外部から加えられた力によって変形するものの、その力がなくなると元の姿に戻る（**弾性回復**）変形のことで、この元の形状に戻る性質を「**弾性**」といいます。

一方の**塑性変形**は、加えられた力が取り除かれても変形したままの状態を維持します。この性質を「**塑性**」といいます（図4-5-1）。金属材料は、この2つの性質を持ち合わせています。

●弾性変形が製品精度に及ぼす影響

プレス加工では、被加工材が塑性する領域（塑性変形域）まで力を加えて商品の形状を形づくっていることから、プレス加工品は塑性加工品ともいわれています。

繰り返しになりますが、プレス成形は材料の塑性を利用して、金型の表面形状を材料に転写する加工法です。ただ、その金型に作りたい加工品の形状や寸法などを正確に反映したとしても、思いどおりのものは作れません。この「製品形状・寸法≠金型形状・寸法」には、弾性と塑性が大きな影響を及ぼしているからです。

力と変形についてもう少し詳しくみていきましょう。材料に力を加えていった場合、弾性する領域（弾性変形域）で力を除くと材料は元に戻ります。弾性回復が働いたからです。

弾性変性域を超えて塑性変性域に達すると、被加工材は変形したままになりますが、外力がなくなると弾性回復が作用して、元に戻ろうとします。このため金型の形状がそのまま製品形状に反映されず、わずかに変化してしまいます。この変化が精密さを阻害して、製品の形状や品質を悪くしてしまうのです。

抜き・曲げ・絞りといったプレス加工では、加工後に金型から取り出した製品の形状は、金型の形状と同じではありません（図 4–5–2）。それは被加工材がもつ弾性変形に加え、プレス機械と金型に起因する弾性変形も少なからず影響しているからです。弾性変形は材料のみならず、プレス加工全般に関与しています。

図 4–5–1　弾性変形と塑性変形

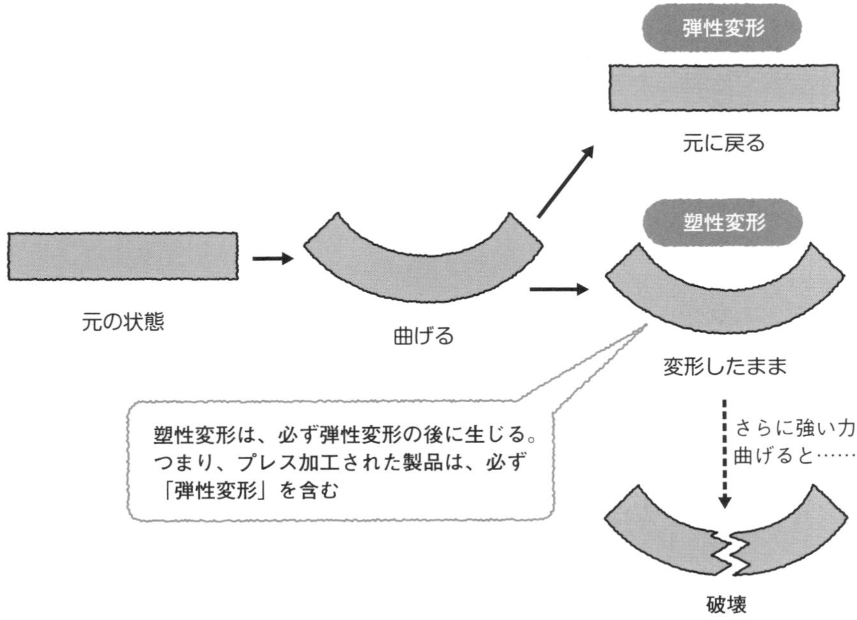

図 4–5–2　弾性回復

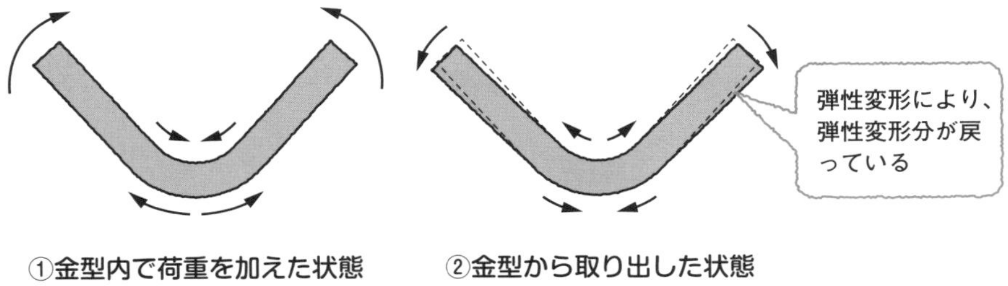

4-6 被加工材の特性（1）圧延方向

p.68で、被加工材は圧延工程で板材にされると説明しました。この**圧延**も**塑性加工**の一種です。

回転している2本あるいは複数のロールの間に通すことで、金属材料は連続して一様の厚さに延ばされます。圧延という言葉どおり、ロールからの圧縮力を受けて板材が変形（**塑性変形**）します。圧延工程では、金属材料は一定方向に延ばされます。これにより金属を構成している結晶粒子も圧延されて変形し、内部の組織は木材のように繊維状になります（図4-6-1）。圧縮方向に対して繊維の向きが0度の場合と45度の場合、90度に直交した場合では、それぞれ材料特性が異なります。

●板材の圧延方向は加工に影響

コイル材〈➡ p.66〉は、図4-6-2の矢印の方向に圧延されます。この**圧延方向**のことを「**ロール目**」ともいいます。ロール目に対して0度の向きで板材を切り取ることを**平行取り**、45度の向きでは**斜め取り**、90度の向きでは**直角取り**と呼びます。直角取りでは「繊維を切断する形」になりますので、曲げ加工した場合、割れの発生を招くことがあります。

このように繊維の向きによって材料の特性は変わっていきます。圧延方向が異なる材料でプレス加工をすると、同じ機械・同じ金型・同じ加工条件でも材料特性の違いが災いし、変形などの不具合が生じることがあります。

圧延方向は通常、コイル材なら巻きほぐす方向、切板なら長手方向（長方形の長さが長いほうの方向）です。しかし、板取り（プレス加工に必要な形状に切断などを行うこと）をすると、圧延方向がわからなくなることもあります。

その際、限定的ですが、**冷間圧延鋼板**（磨き鋼板）やアルミニウム板、ステンレス板、銅板など、光沢のある金属薄板では、ライターなどで炎を映し出し、金属板への映り方から圧延方向を確認することができます。

プレス加工の生産現場では、よく「今回納入された鋼板は伸びる？」というような言葉を耳にすることがあります。このことは、人によって差はあるものの、圧延方向による特性などのばらつきを肌で感じているからかもしれません。

図 4-6-1　圧延のメカニズム

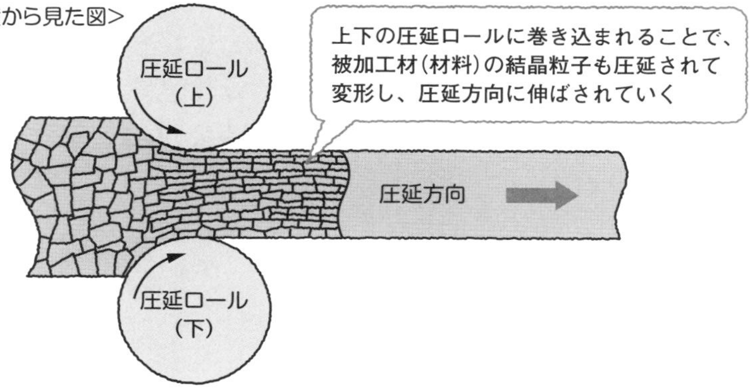

図 4-6-2　圧延方向と繊維の向き

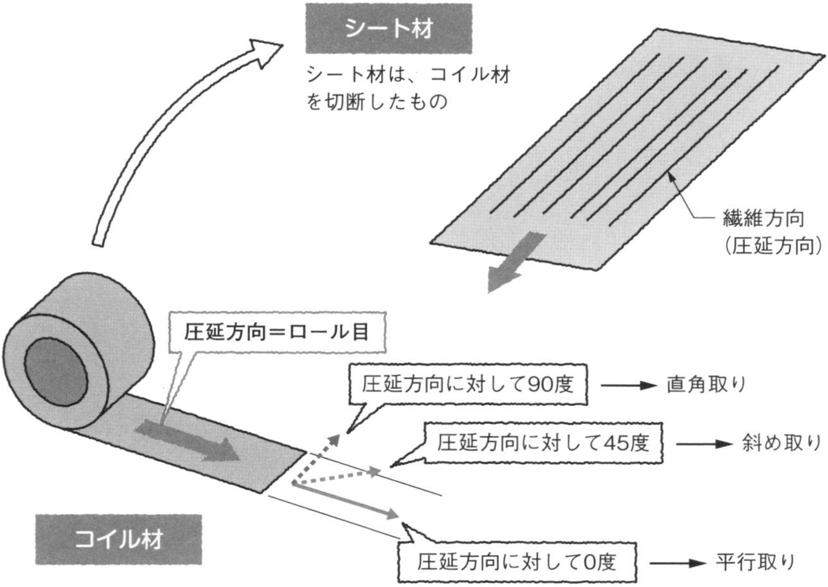

4-7 被加工材の特性（2）荷重と伸び

被加工材には荷重（応力）を加えると伸びる（ひずみ）という特性があります。プレス加工では、この特性を積極的に活用してプレス成形をしています。p.74 で、弾性変形と塑性変形について説明しました。**弾性変形**から**塑性変形**に移るためには荷重が、変形具合については伸びが大きく関わっています。荷重と伸びは**引張り試験**で計測します（図 4-7-1）。

図を見てわかるように、伸びが大きい場合は、変形する量が大きくなり、荷重が大きい場合は変形に大きな力を要します。また、線のこう配が大きい場合は、変形を繰り返すごとにより大きな力が必要になります。

●荷重をかけて伸び領域で加工（図 4-7-1）

絞り加工〈➡ p.88〉は、**破断**に至るまでの**伸び領域**を用いて成形しています。破断に至る領域までは延性があるため、引張った方向に被加工材は伸びていきます。どの程度伸びるかは材質や大きさによって異なります。

被加工材に荷重をかけていったとき、**降伏点**（弾性領域と塑性領域の変化点）までは荷重の大きさに比例して伸びは増加していき、荷重を除けば伸びは解消され元の状態に戻ります。しかし降伏点を越えて塑性領域に入ると荷重を除いても元に戻らなくなります。降伏点を通り過ぎるとわずかな力でもひずみが生じて伸びていきます。これを**降伏伸び**といいます。さらに力を加えていくと、力の増加に従って**ひずみ**も増加する一様伸び領域に入ります。しかしある荷重を境にしてそれよりも小さい荷重でも伸びるようになり、ついには破断に至ります。この降伏点以後の伸びを全体伸びといいます。

引張り試験における伸びと荷重について考察します。試験片は伸びと並行して断面積が変わります。この断面積の変化を絞りと呼びます。断面積が小さい試験片は、大きい試験片と比較すると、伸びは同じでも引張り荷重は異なります。そのため、異なった形状の試験片でも同じ基準で評価できるよう単位面積当たりの荷重を「応力」とすることで数値比較が可能になります（図 4-7-2）。

図 4-7-1　引張り試験での荷重と伸びの変化

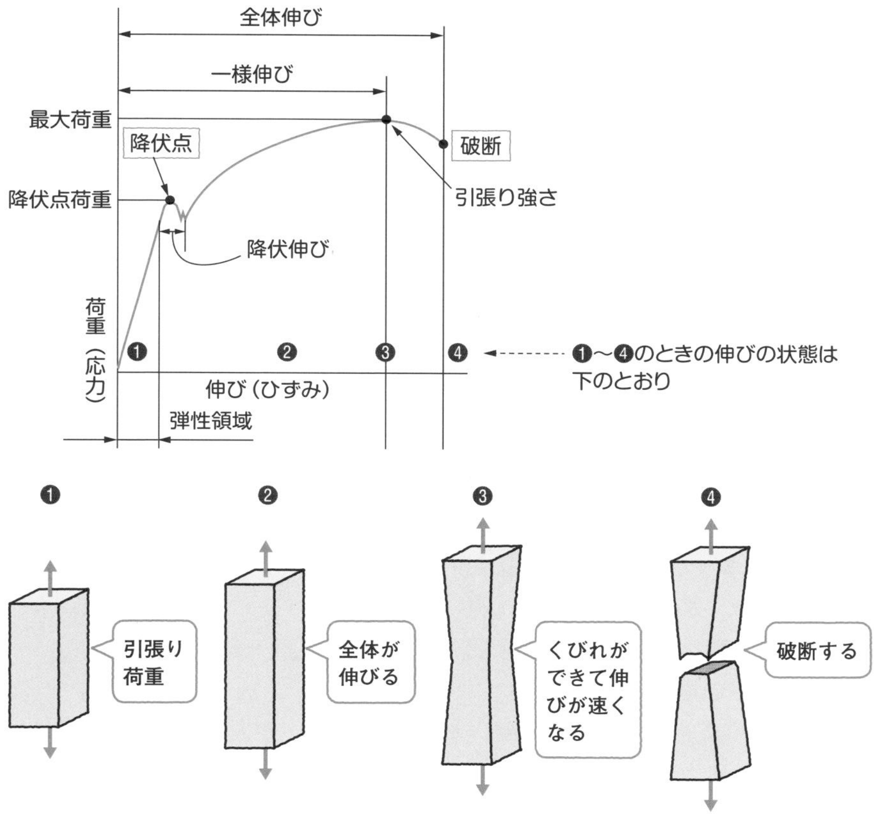

図 4-7-2　断面積の変化と応力

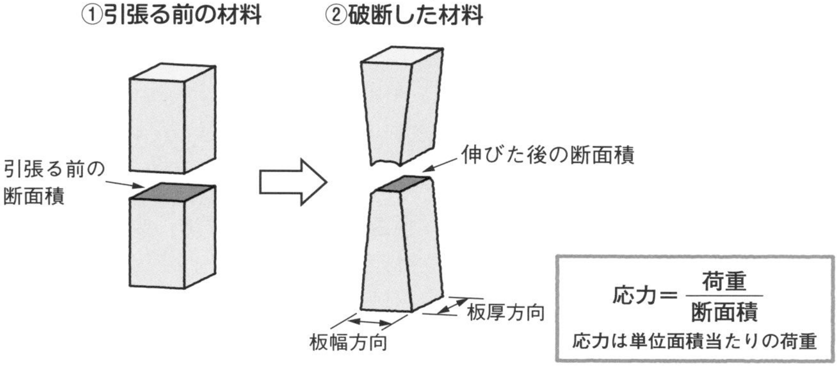

4-8 被加工材の特性（3）加工硬化

金属製の薄板を繰り返し曲げていくうちに、ポキッと折れた経験は誰にでもあることでしょう（図 4–8–1）。これは加工硬化が原因のひとつになっています。材料に力（応力）を加える（加工する）と、材料は変形するとともに次第に硬くなっていきます。力を加え続けることで材料が硬さを増していく現象を**加工硬化**といいます。

材料は硬くなっていくと、同時に脆くなっていきます。薄板を繰り返し曲げていくうちに硬度は増していく一方、脆性《ぜいせい》（もろさ）も高まり、柔軟性が失われていきます。それで折れてしまうのです。プレス加工でも被加工材を加工していくと硬くなって、うまく加工できなくなります。

●加工効果係数の大小による違い

加工硬化は、**加工硬化係数（n 値）**で評価します。n 値は板材の加工硬化の挙動を表す特性値で、0～1 の範囲で表します（表 4–8–1）。

① n 値が小さい場合

変形する領域全体において場所により変形の違いが大きいので、材料にくびれが発生します。つまり、板厚（板幅）方向のひずみが大きくなります。結果として板厚が薄くなることで破断します。

② n 値が大きい場合

変形する領域全体において場所により変形の違いが小さいので、領域全体が変形するため板厚（板幅）方向のひずみが小さくなります。結果として板厚が薄くなりにくいため破断しにくいです。

つまり n 値が大きい材料は、材料が変形を受けるたびに大きく硬化することで変形しにくくなります。材料が**弾性変形**を経て**塑性変形**に移行した際に、加工を進行させるために必要な**引張り荷重**の増加の割合は、鋼板（**SPCC**）の場合は比較的緩やかです。それに対して、SUS304（オーステナイト系ステンレス鋼板）は高く、加工を進めていくためにはより大きな荷重が必要になります（図 4–8–2）。

図 4-8-1　加工硬化の実感

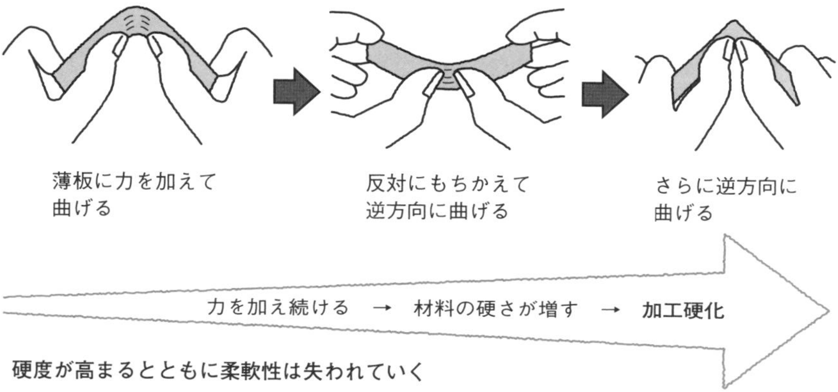

表 4-8-1　金属の n 値

材質	n 値
軟鋼	0.2〜0.25
純アルミニウム	0.25〜0.3
純銅	0.3〜0.5
ステンレス鋼（SUS304）	0.4〜0.5

図 4-8-2　加工硬化の差異

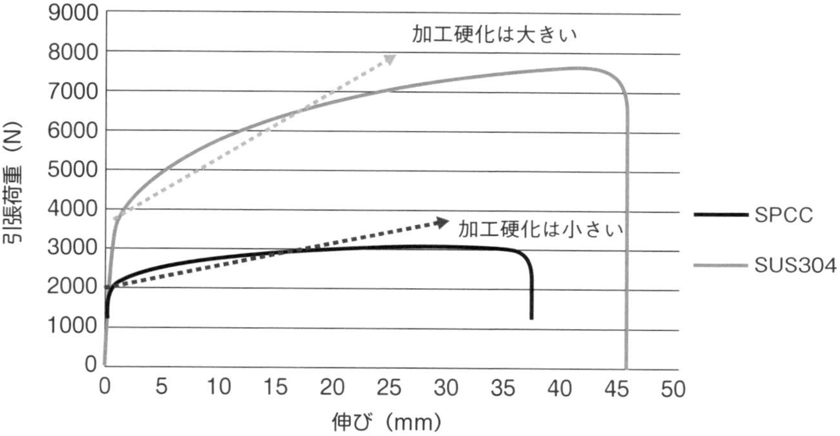

4-9 被加工材の特性（4）体積一定

プレス加工では、被加工材を変形させて所望する形状に成形していきます。加工しても被加工材の体積は加工前とは変わっていません。これを「塑性加工変化前後の体積一定の法則」といいます。

このことを引張り試験で説明します。試験片を上下方向に引張ったとします。試験片は上下に伸びますが、その分幅や板厚は減少します。伸びた分と減じた分は相殺されるので、体積に変化は見られないことになります（図 4-9-1）。

●「体積一定」の現われ方の素材による違い

「**体積一定の法則**」は当たり前のことと思われるかもしれませんが、プレス現場で実際の作業風景を目にすると、そうとは思えない場面に出会ったりします。

たとえば、円筒絞り加工で金属製薄板（**ブランク**）から円筒状の中空容器を成形する作業です〈➡ p.124〉。加工が進むにつれて容器の高さが高くなっていきます（図 4-9-2）。板厚の変化は少ないです。ブランクの**フランジ**（曲げられて立ち上がっていく部分）が容器部分へ「移動」していくからで、加工の進展とともにフランジは減っていきます。

さて、この円筒絞り加工された容器の高さは一定になると思われるかもしれませんが、容器の縁が波打つような凹凸になって、高さがバラバラになることがあります。生産現場で耳と呼んでいる不具合です（図 4-9-2・右）。

これは、**板幅方向**と**板厚方向**で板材が均等に減少しないことが原因です。被加工材によっては、

・板幅の減少が大きく、板厚の減少が小さい

・板幅の減少が小さく、板厚の減少が大きい

など、変化する傾向に違いが見られます（図 4-9-1）。

耳対策としては、これを切断して縁をきれいに仕上げるトリミングが行われています。

耳の発生は、工程の増加と材料の歩留まり低下を招きます。一方、凹凸が比較的少ない縁の高さがそろった加工品ができることもあります。これらの差異は、被加工材の種類に左右されます。

図 4-9-1 「体積一定」の考え方

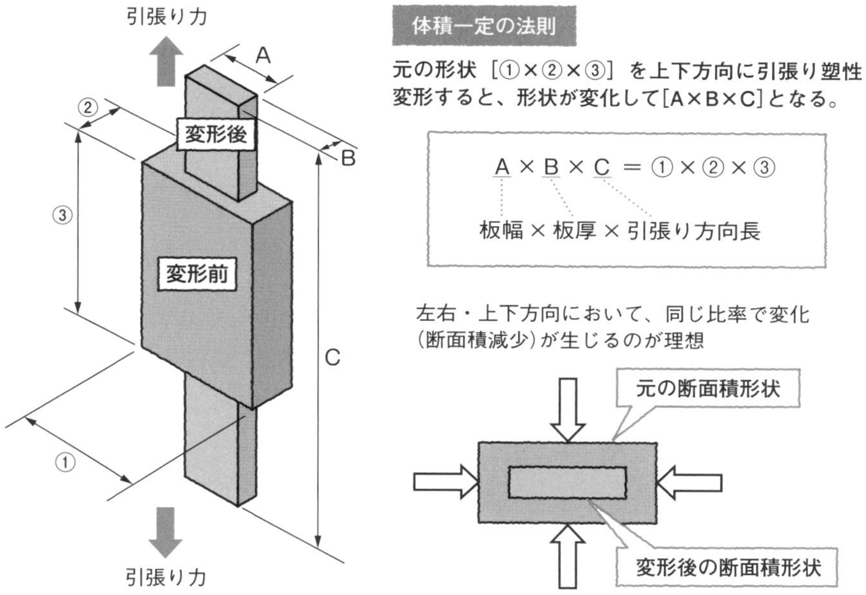

図 4-9-2 円筒容器の成形の特徴

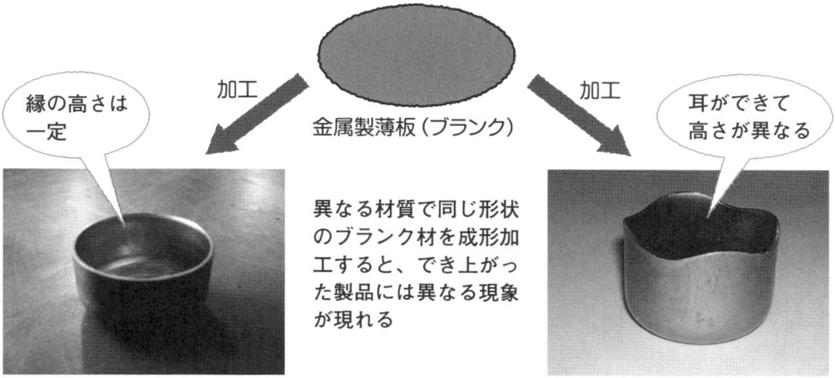

4-10 被加工材の特性（5）異方性

被加工材は、**板厚方向**と**板幅方向**（縦・横）によって性質が異なることがあります。この現象を**異方性**といいます。

異方性を判断する指針として、板厚方向と板幅方向のどちらの方向に変形しやすいかを評価する「**r値（ランクフォード値）**」が利用されています。r値は板幅方向と板厚方向の縮み量の比率（塑性ひずみ値）を表します。r値は以下の式で求められます。

●r値の大小による非加工材の性質

r値は、「板幅縮み量の割合／板厚縮み量の割合」なので、次式で求めることができます。

$$r=\frac{\text{板幅方向の対数ひずみ}}{\text{板厚方向の対数ひずみ}}=\frac{\ln\left(\frac{w}{w_0}\right)}{\ln\left(\frac{t}{t_0}\right)}$$

w_0：元の板幅（mm）
w　：変形後の板幅（mm）
t_0　：元の板厚（mm）
t　：変形後の板厚（mm）

求められたr値が、

・$r=1$のときは**等方性**：板幅方向と板厚方向は同じように減少
・$r>1$のときは異方性（r値が大きい）：板幅方向の縮みが大きく、板厚方向の減少は小さい
・$r<1$のときも異方性（r値が小さい）：板厚方向の減少が大きく、板幅方向の縮みは小さい

と、板幅と板厚は方向によって減少幅が異なります（図4-10-1）。

このことをプレス加工に用いると、r値が大きい場合は板の厚みの変化が少なく板幅の方向での寸法の変化が大きいことを意味しているので、深絞り

性がよく、絞り加工に適した材料と判断できます。r 値が小さい場合は、板厚の変化が大きく、幅の変形が少なくて済む加工に適しているといえるでしょう。

図 4-10-1　r 値の定義

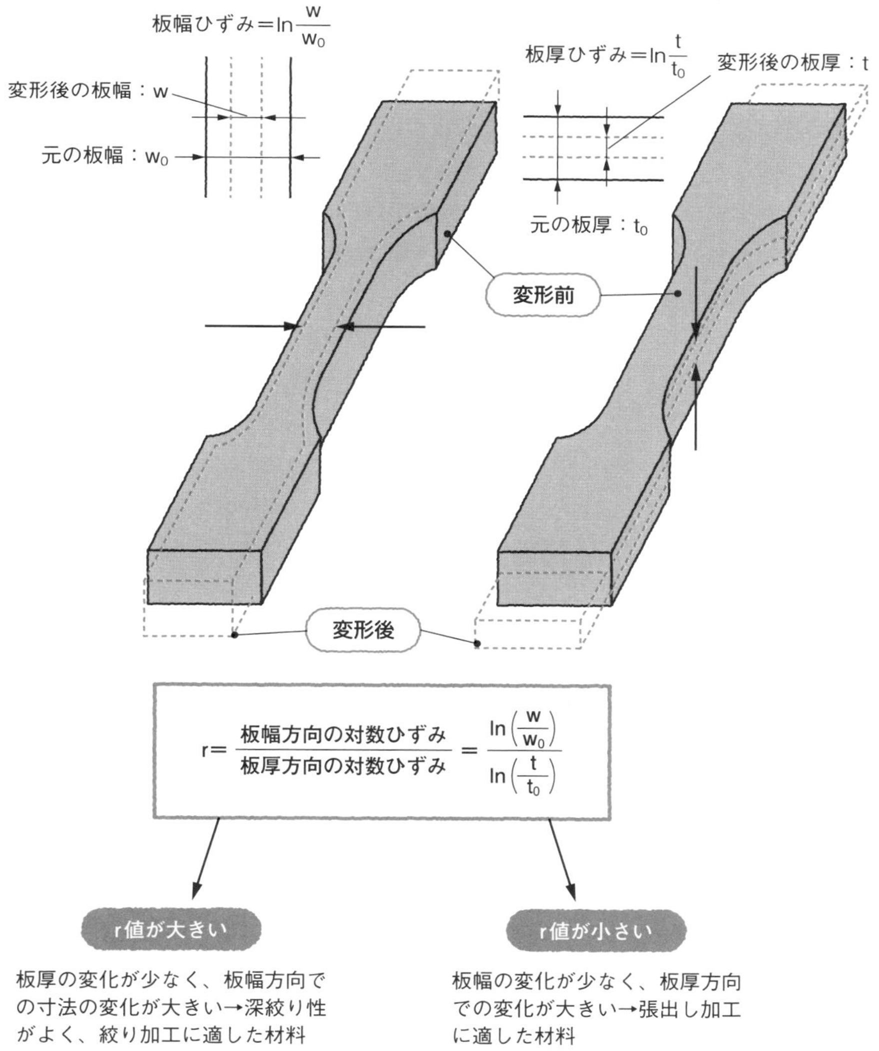

被加工材成形性試験

新しい材料を用いたり、今までとは異なった3次元立体をプレス成形加工する場合、原寸のモデルを作成して試行錯誤を繰り返すのには限界があります。現実的には、製品設計や金型設計において段階的に①成形が可能か、②成形荷重はどうか、③しわ押さえなどを使用するか、を考える必要があります。その際、被加工材の特性（どのくらいの力で、どの程度の加工ができるか）を定量的にとらえておくことが、製品設計、金型設計段階では非常に有効な手段です。

●いろいろな成形試験法

具体的な方法として、引張り試験以外に下記のような疑似的に成形して材料特性を求めることができる各種試験法が利用されています。

(1) 深絞り成形性として円筒深絞り試験法

直径32～50mmの円筒の平底パンチと、平面ダイとブランクホルダー間の平板の円形ブランクに対してしわ押さえ力を付与して挟んだ状態で深絞りを行うことにより、限界絞り比（LDR）を求める方法です。

(2) 張出し成形性としてエリクセン試験法

この試験法は、固定された状態の円形で規定寸法のブランク材に球頭パンチを押し込んでいき、破断が生じるまでの成形高さをもってエリクセン値とする方法です。当然ですが、この方法では深絞り性の優劣はわかりません。また、限界に近い張出し加工によって、成形品の表面に肌荒れなどが懸念される際に利用して評価することも可能です。

(3) 複合成形性（深絞り、張出し）としてコニカルカップ試験法

この試験法は、円すいダイと球頭パンチにより、しわ押さえを用いずに深絞りと張出しの複合した試験を行う方法です。試験によりカップ状の成形品ができ、カップ縁の外径をコニカルカップ値（CCV）で評価します。つまり、成形されたカップ底での変形から張出し性、カップの上縁部での変形から深絞り性を評価することができます。この試験法は、1枚のブランクで試験値が得られる簡便法です。

以上の方法はいずれも実験室的なので、効果的に組み合わせて活用することが必要です。

第5章

プレス加工の3形態 ―抜き・曲げ・絞り―

プレス加工製品は「切って、曲げて、形づくる」という作業ででき上がっています。これらは「打抜き」「曲げ」「絞り」などの加工メカニズムで説明することができます。
この章では、抜き加工におけるクリアランス、曲げ加工におけるスプリングバック、絞り加工における異方性など、プレス加工に特有な技術的な視点をクローズアップし、初心者がつまずきやすいポイントを丁寧に解説します。

5-1 加工法の種類

プレス加工には多くの**加工法**があります。その中でもよく利用されている加工法について簡単に解説します。

●主要な加工法

①抜き加工

抜き加工（**せん断加工**）における**せん断**とは、物体の断面にズレを起こさせることです。プレス機械の駆動力を受けたパンチは**被加工材**（素材）の内部に食い込んでいき、その断面をずらそうとします。このとき**パンチ**と**ダイ**によって被加工材には上下逆方向の**せん断力**が働きます。このせん断力によって被加工材にはパンチとダイの角が当たる部分に割れが生じ、パンチとダイの双方から発生した割れがつながり〈➡ p.92〉、せん断は完了します（図5-1-1）。

②曲げ加工

被加工材にパンチを当てて所定の角度や形状にする加工法です。曲げられた被加工材は外側が引張られて伸び、内側は圧縮されて縮みます。金属材料は外力により伸びてもその力がなくなると**弾性回復**が働いて元に戻ろうとします〈➡ p.74〉。単純な加工法のようですが、所定の角度を得ることは簡単ではありません（図5-1-2）。

③絞り加工

平たい円板（**ブランク**）から容器状の製品などを成形するプレス加工の利点を生かした加工法です。切断や接合をしないため、継ぎ目のない立体形状にすることができます。抜き金型の切刃（パンチとダイの両側）に当たる部分を適度なR（丸み）形状にした金型を使って、ブランクを**しわ押さえ**〈➡ p.30・注〉とダイの間にはさみ、ダイ穴に押し込むようにしてコップ状の容器などに成形します。（図5-1-3）。

④成形加工

曲げ加工と絞り加工の要素が合わさった加工法です。曲げ加工との違いはp.134で、絞り加工との違いはp.132で詳しく解説します。

図 5-1-1　抜き加工

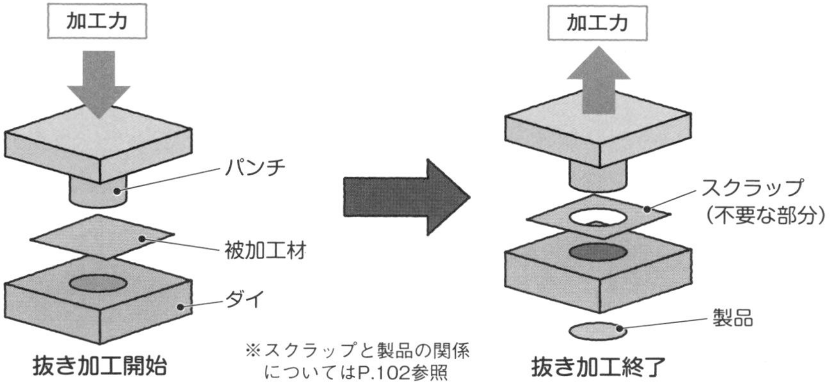

図 5-1-2　曲げ加工

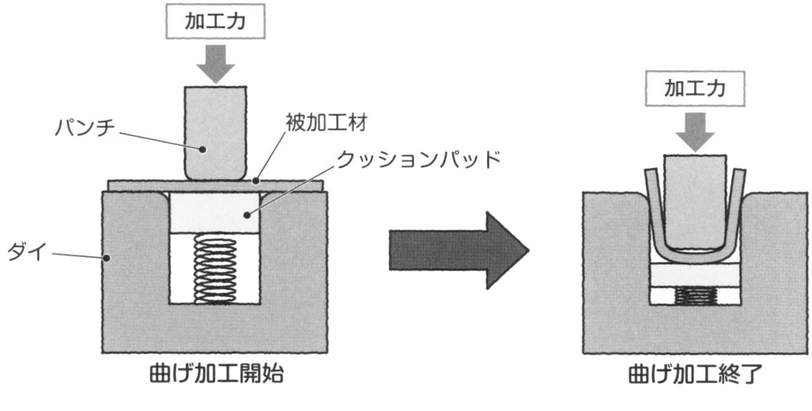

図 5-1-3　絞り加工

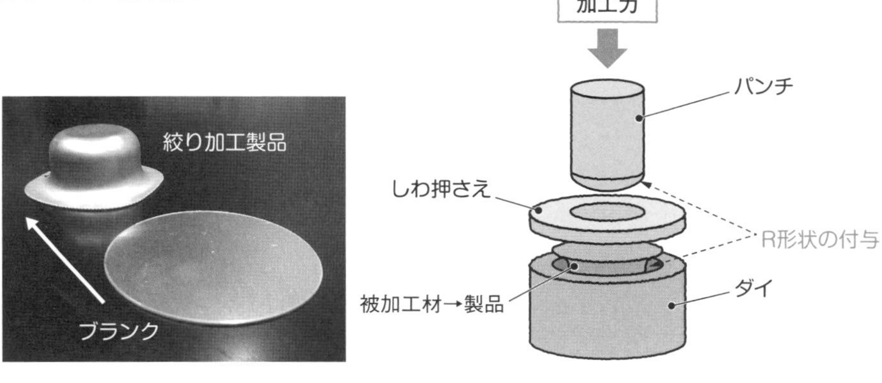

5-2 プレス加工のポイントは引張りと圧縮

プレス加工は、金属材料を変形させることによって成り立っています。この変形には引張り、圧縮、せん断が大きく関わっており、これらに起因する外力である引張り荷重、圧縮荷重、せん断荷重が深く関与しています（図5-2-1）。

●打ち抜く、曲げる、絞る

プレス加工にはどのような力が働いているかを説明します。加工方法や製品形状によってさまざまですが、主たる力は板材を「打ち抜く力」、板材を「曲げる力」、板材を「絞る力」などです。それぞれの力について簡単に解説します。

①打ち抜く力

たとえばパンチとダイが板材（**被加工材**）に食い込むときのせん断力が打ち抜く力です。このときの**せん断荷重**は、正逆向きの一対の力ですので、部分的に**引張り荷重**と**圧縮荷重**の双方が働きます。これにより、板材は切断されたり、分断したり、部分的に切り欠けられたり、穴をあけられたり、意図した形に抜かれたりします（図5-2-2①）。

②曲げる力

曲げ加工では、パンチを支点にして被加工材を曲げます。そのとき板材の外側には引張り荷重が、内側には圧縮荷重が働きます（図5-2-2②）。引張られて伸びた外側のほうが圧縮されて縮んだ内側よりも領域が大きいため、曲げた部分の外側が割れることがあります。これを防ぐには、割れが生じない範囲で曲げなくてはなりません。

③絞る力

板材を縦方向に圧縮すると、横方向には引張りが生じて広がります。逆に縦方向に引張ると横方向は縮みます。引張りと圧縮の結果、板材は移動して圧縮された側は板厚が厚くなり、逆に引張られた側は薄くなります（図5-2-2③）。

圧縮と引張りの大きさは、圧縮荷重と引張り荷重が働く面積を割り算することで、単位面積当たりの**圧縮応力**（**引張り応力**）が求められます。

図 5-2-1　荷重の種類

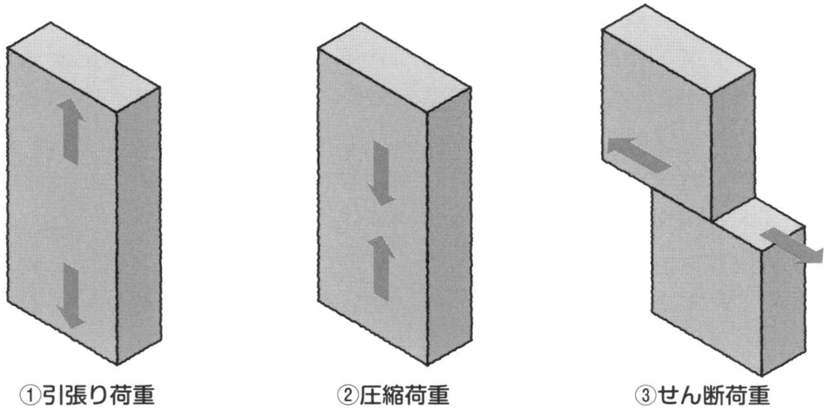

図 5-2-2　プレス加工に働く力

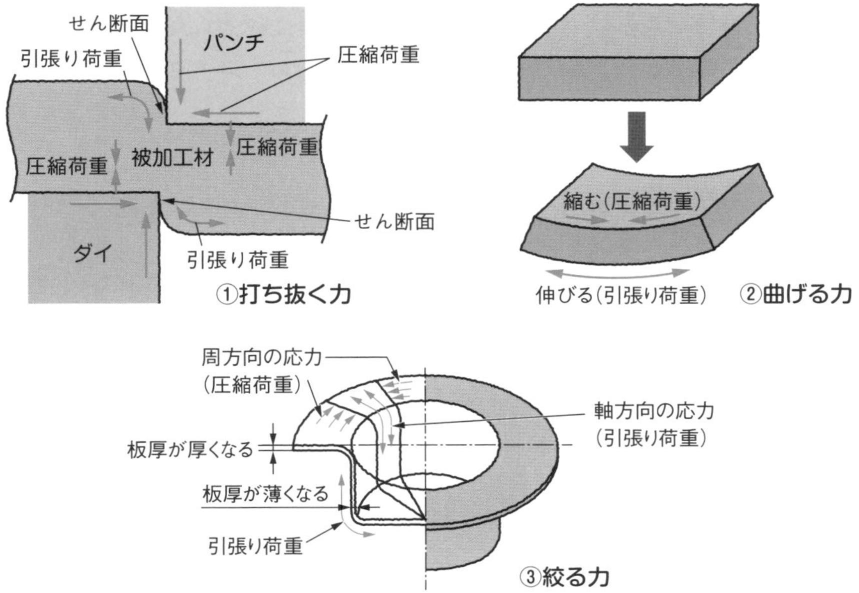

5-3 実は奥が深い抜き加工

抜き加工は、一見すると簡単な作業に思えるかもしれません。**せん断力**により、板材をパンチとダイで打ち抜いているだけと見えるからでしょう。単に分離・切断するだけならそれで問題はないでしょうが、実際の抜き加工では、単純に形を作り上げることだけが要求されるわけではありません。製品の機能などに大きく影響するため、素材（材料）の切断面（切り口面）の出来栄えも求められます。

通常の抜き加工（**せん断加工**）では、切り口面に「だれ」や「せん断面」「破断面」「バリ（かえり）」ができ、切削加工のような垂直でなめらかな切り口面にはなりません（図 5-3-1）。なぜそうなるのか、抜き加工の過程を追って説明します。

●抜き加工のプロセス

パンチが下降して板材（被加工材）を押していくと、最初は「はり」が曲がるように板材は曲がっていきますが、その状態に耐えられなくなると、パンチは刃物で削るかのように板材の内部にめり込んでいきます。このせん断力に耐えられなくなった板材の断面が徐々に破壊されていき、**破断**に至ります（図 5-3-1）。

この加工過程において、板材の断面には曲げ変形により「**だれ**」が生じます。続いて切削により「**せん断面**」ができ、さらに破壊により「**破断面**」が形成されます。またパンチが板材を貫通することにより、その反作用で板材の端に「**バリ**」が発生します。

破断は、切り欠きができるように起きた、破壊の最初にでき上がる**クラック**が貫通することによって完結します。この一連の過程により、板材の断面にはだれ、せん断面、破断面、バリができて、4 層構造が形成されてしまいます。そのため、せん断加工された材料の切り口はなめらかにはなりません（図 5-3-2）。

破断は、せん断工程の一部です。せん断力が作用している状態で、結果として、せん断面ができ上がる工程を**せん断**といい、その後クラックが発生したことにより破断面ができる工程が破断ともいえます（図 5-3-1）。抜き加工には、これらのことが常に起きています。

図 5-3-1　抜き加工（せん断加工）の過程

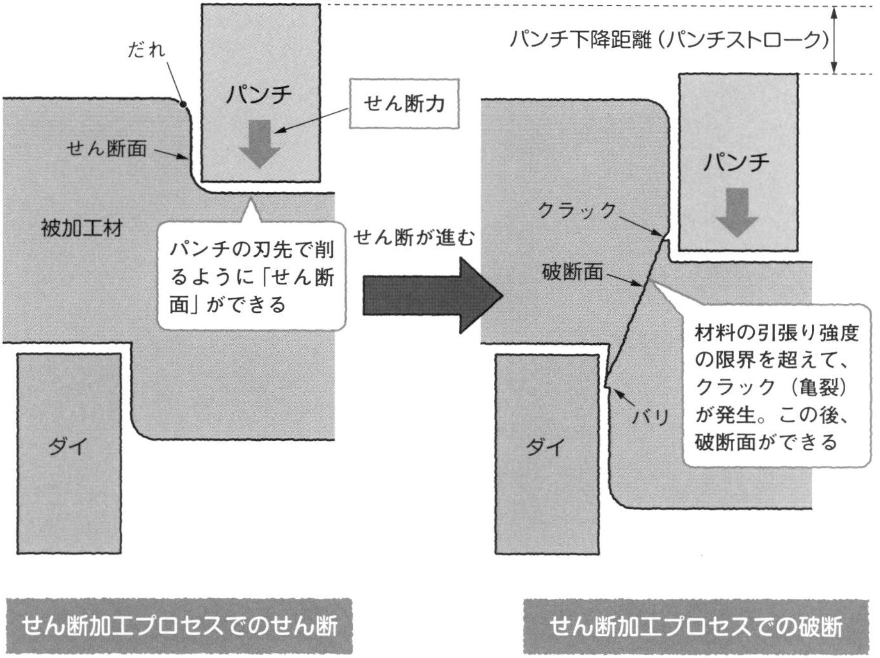

図 5-3-2　せん断面の断面形状

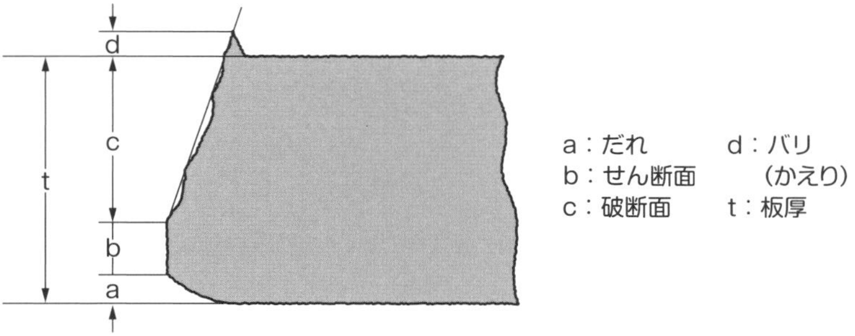

5-4 せん断のキーポイントはクリアランス

せん断に限らず、プレス加工に使われるパンチとダイの間には、**すき間**（**クリアランス**）が設けられています（図5-4-1）。パンチとダイの動きをスムーズにするためですが、**せん断**ではこのクリアランスが加工品の出来栄えや金型の寿命に大きな影響を与えています。

クリアランスの量が変わると、せん断される素材（材料）の断面の状態も変化することになります。クリアランスの変化を、「てこの原理」を用いて解説します（図5-4-2）。

●クリアランスの大小

①クリアランスが小さい場合

てこの原理でいう力点から支点までの距離が、クリアランスに当たります。この距離が短いと、変形させるには大きな力が必要になります。

プレス加工では**クラック**が発生するまでのパンチの移動距離が短いことから、パンチが下降する早い段階で亀裂が生じます。

②クリアランスが大きい場合

クリアランスが大きくなるとてこの原理により、より小さな力で変形できるようになります。クラック発生までのパンチの移動距離は長くなるので、パンチが下降する遅い段階で亀裂が生じることになります。

変形に必要な力（F）とクラック発生までの移動距離（s）の積を仕事に必要なエネルギー（仕事量）とするなら、この2つを適切に組み合わせると、仕事量を最も少なくすることができます。

仕事量は、「物体に一定の力（F）を加え続けて、その力の向きに距離（s）を動かした際、その積F×sを仕事量という」と定義されます。

この条件を満足させるクリアランスを**適正クリアランス**といいます。板材の厚さが変わるとクリアランスの大きさも変わります。一般的に軟鋼板では板厚の8％から10％程度です。

この条件でのせん断面の領域は、板厚の1/3程度を占めます。クリアランスが適正だと**バリ**が少なくきれいに加工でき、少ない仕事量で済むので、省エネ効果も期待できます。

図 5-4-1　クリアランスとは

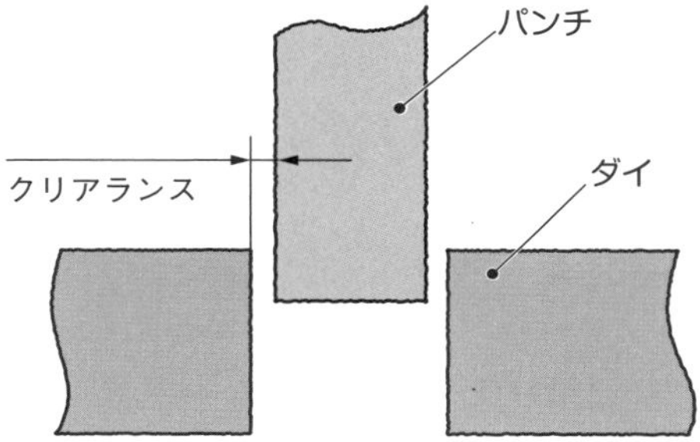

クリアランスは、パンチとダイの片側のすき間のことで、この量が変わるとせん断させる素材の状態も変化する。また、素材の厚さが変わると、クリアランスの大きさも変わる

図 5-4-2　クリアランスとてこの原理

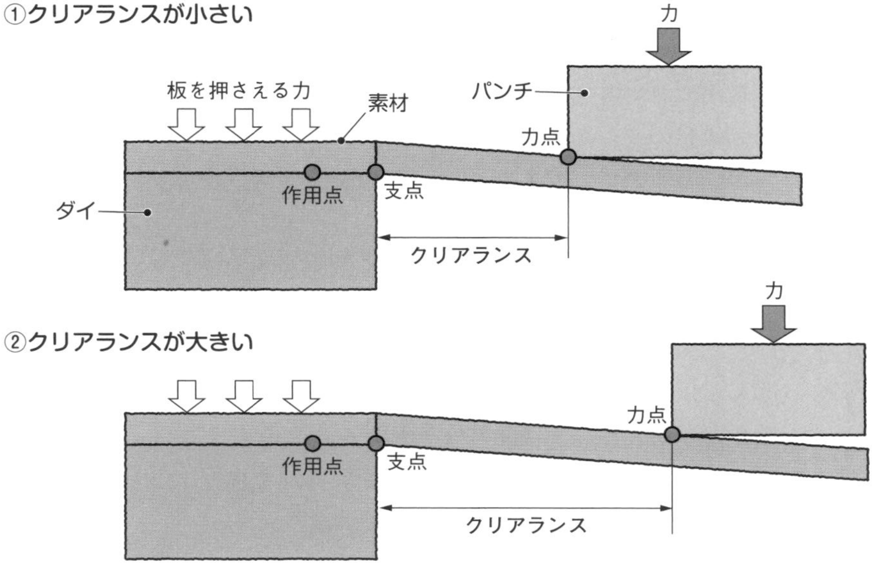

①クリアランスが小さい
支点からの距離が小さい➡変形には大きな力が必要
②クリアランスが大きい
支点からの距離が大きい➡小さな力で変形できる

5-5 切り口面をよく見ると

せん断された切り口面（端面）には、先に説明したように、だれとせん断面、破断面、バリが形成されています〈➡ p.92〉。

だれは、被加工材の表面が引張られてできたR状のなめらかな面です。**せん断面**は、被加工材の内部にのめり込んだパンチによってできた平滑な面です。特徴は、パンチの傷や溶着金属などでこすられて、細かい傷が付いていることです。被加工材に引き裂かれるようなクラックが進行することで、**破断面**ができます。せん断面に比べて凹凸があり粗い表面です。パンチ、ダイ側面からのクラック発生によりできる**バリ**の特徴は、硬くギザギザ状の鋭利な形をしていることです（図5-5-1）。

●形により異なる切り口面の性状

実際の抜き加工では、**クリアランス**が同じでも**せん断**する場所により、切り口面の性状が違ってくることがあります。

たとえば直線状のせん断では、左右が同じ力で引張られ、バランスがとれた状態で力が加わるので、せん断が完了した製品と**スクラップ**（**廃材**）を観察すると、切り口面はほぼ同じような性状になります。それが角張った部分を打ち抜くせん断の場合は、製品側にはせん断面が多く、スクラップ側には大きなだれが発生します。

角形状は、直線と比較して凹部分のせん断面が大きな割合を占めています。凹部分のせん断は、クリアランスが小さい条件でのせん断と同等な性状になるので、より大きな仕事量（エネルギー）が必要になります。このことは金型にも影響を及ぼします。金型の凸部分を直線部分と比較すると、摩耗が大きくなるので金型寿命は短くなります（図5-5-2）。

直線状のせん断では、クリアランスの違いによるせん断された切り口面の傾向は比較的簡単に理解できますが、他方、鋭角や鈍角でのせん断では明らかに異なる切り口面性状が見られます。これは、せん断された面の出来栄えをクリアランスの大きさの違いだけでは説明できないということです。

図 5-5-1　せん断された切り口面の性状

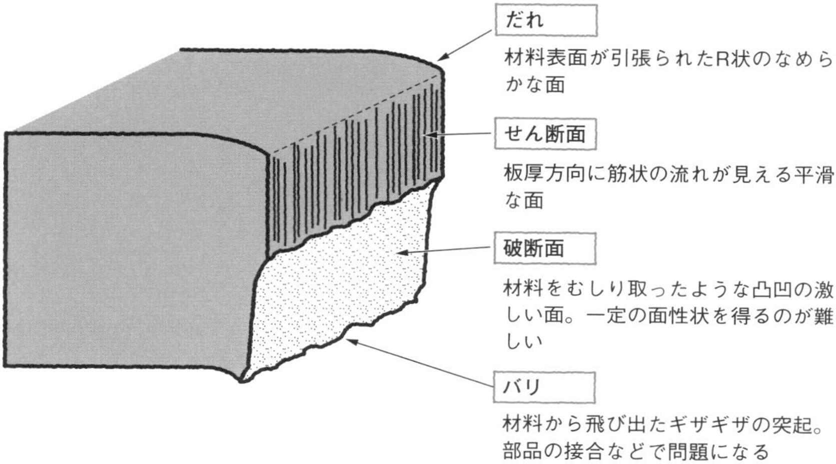

図 5-5-2　製品の部位によるせん断性状の差異

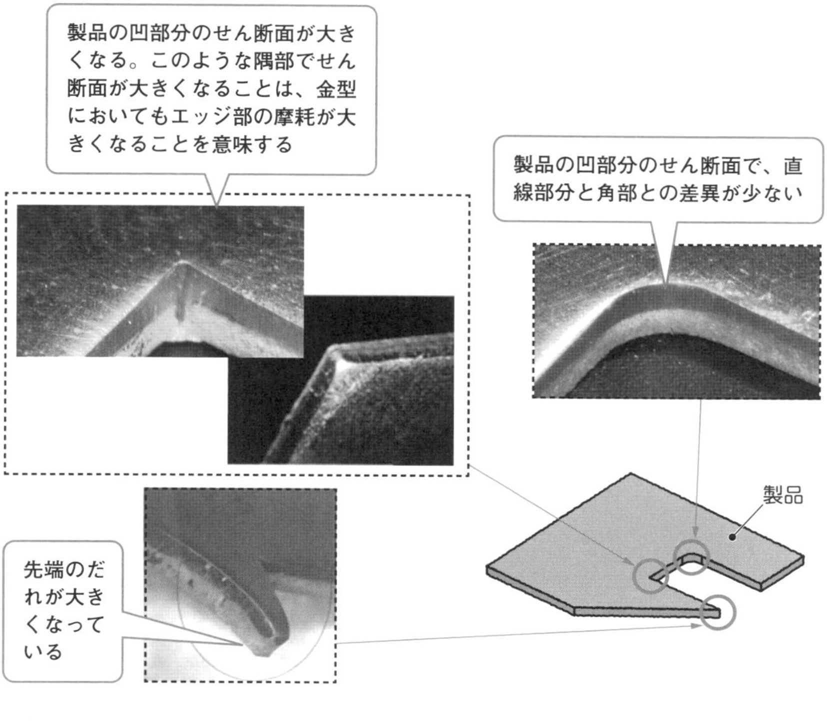

5-6 せん断に必要な力

はさみで紙を切る際、無意識のうちに紙の厚さや紙質などを考慮してはさみの刃のかみ合うすき間を微妙に調整したり、加える力加減を変えたりします。また、はさみの寸法よりも長い距離の切断を行うときも、力加減などを調整したりします。これらのことから、せん断に必要な力に関わる要素を考えると、

①切る長さが長い
②切る厚さが厚い
③切る材料が硬い

の3つが大きく関わっていると考えられます（図5-6-1）。

この3つの要素をかけ合わせたのが、**せん断**に必要な力です。ですから、この力を小さくするには、最低でもこの3要素のどれかを減少させることが必要になります。

●せん断力とせん断抵抗

せん断力は被加工材の垂直方向に沿って滑り切るように作用します。せん断力は被加工材の内部に伝わります。せん断の困難度を多様な被加工材でも同じ基準で比較できるように、「ある一定の面積に働く抵抗を示す（単位面積当たりの抵抗する力の大きさ）、**せん断抵抗**」で測ることができます。つまり、せん断力は、

せん断力(N)＝せん断部の面積(mm^2)×せん断面のせん断抵抗(N/mm^2)

となります。

せん断力とせん断抵抗について少し解説しましょう。物体に力を加えても簡単に変形しないのは、外からの力に対抗する力が内部に働いているからです。この内部の力を**内力**といい、外部からの力を**外力**といいます。せん断力は外力です。

外力であるせん断力に等しい大きさで方向が逆（向かい合っている）向きの内力（せん断抵抗）が働くことで釣り合っています。したがって、せん断

される面積で割った単位面積当たりの内力がせん断抵抗ということになります（図 5-6-2)。

図 5-6-1　せん断に必要な力

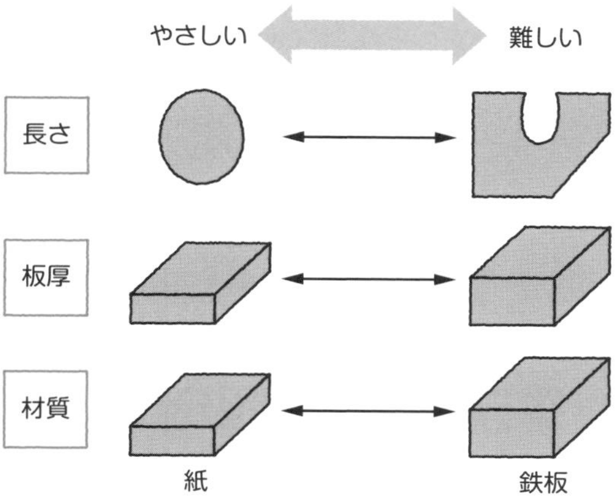

せん断に必要な力

＝切る長さ×切る厚さ×切る難しさ

＝せん断長さ×板厚×せん断抵抗

＝せん断面積×せん断抵抗

＝せん断力（せん断荷重）

図 5-6-2　せん断力の計算

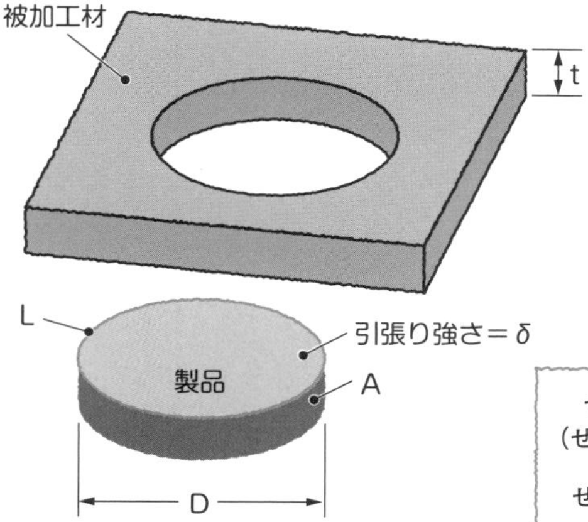

P：せん断荷重(せん断力)
L：被加工材のせん断部の長さ
S：被加工材のせん断抵抗
t：被加工材の板厚
A：せん断部の面積
D：直径
δ：引張り強さ
とすると、

せん断力（せん断荷重）＝せん断部の面積×せん断抵抗

せん断抵抗＝$\dfrac{\text{せん断力}}{\text{せん断部の面積}}$

※

P＝A×S＝L×t×S＝L×t×δ×0.8

＝D×π×t×δ×0.8

※被加工材のせん断抵抗の大きさがわからない場合は、引張り強さに0.7～0.8をかけた値を用いる

5-7 せん断角度とせん断力の関係

せん断に必要な力を小さくする方法として、前項で説明した以外に「時間をかけてせん断すること」もあげられます。時間をかけることで小さな力でもせん断できるようになります。

　仕事量＝力×距離
　仕事率＝仕事量／時間

ですので、仕事量に対し時間をより多くかけることで、時間単位の仕事率を低減させられます。

たとえば、板厚1mmの**SPCC（冷間圧延鋼板）**から直径100mmの円板をせん断するには約10トン（10tf≒98kN）の力が必要ですが、時間をかければ金切はさみによる人力での切断は可能です。このことは、上に記した仕事率（単位時間当たりにする仕事の割合）の計算式で説明できます。つまり、少しずつ切ることで一度に切断する際に必要な力（最高せん断荷重）よりも少ない力で切れるということです。

●金型にシャ角をつける理由

この考え方は板金機械の一種、シャーリングマシン（直線せん断を行う板金切断機）にも活用されています。この機械には上刃と下刃があり、下刃は被加工材に対して水平ですが、上刃は斜めに取り付けられています。この角度のことを**シャ角**といいます。これにより、被加工材を徐々に切断することで、より少ない力で切断できるようにしています（図5-7-1）。

プレス加工では、金型にシャ角をつけることで、せん断荷重の低減を図っています（図5-7-2）。金型へのシャ角の付与には、以下のような原則があります（図5-7-3）。

◉穴抜きの場合〈➡ p.102〉

パンチ側にシャ角をつけて、ダイ面に残る製品の変形を少なくします。

◉外形抜きの場合〈➡ p.102〉

ダイ側にシャ角をつけて、製品への変形を少なくします。

図 5-7-1　シャーリングマシンのシャ角

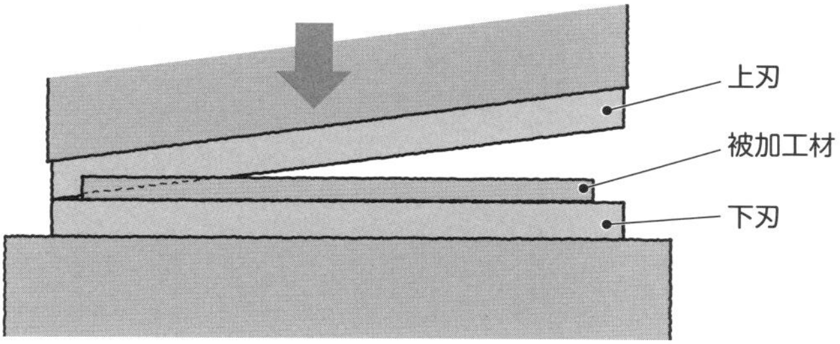

図 5-7-2　シャ角とせん断荷重

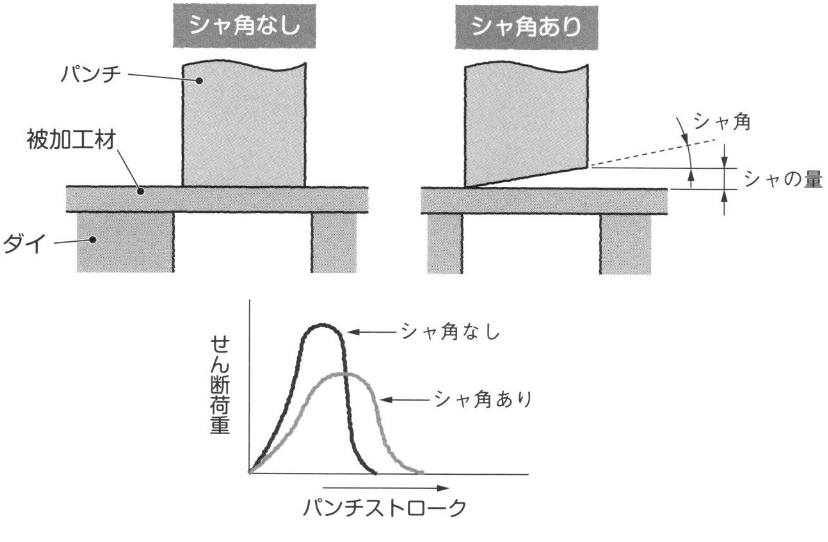

図 5-7-3　シャ角の種類と形状

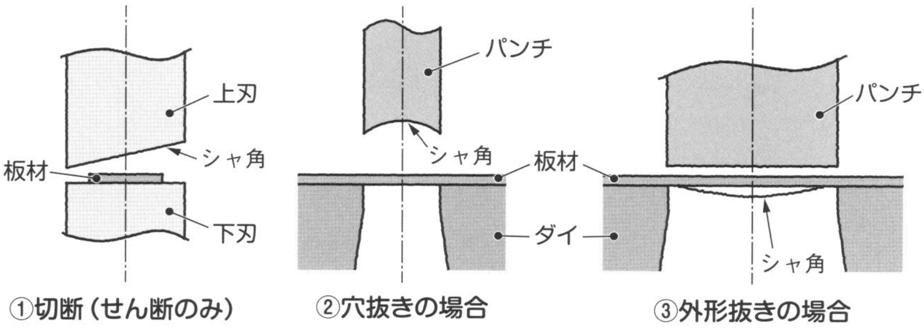

5-8 抜き加工に用いられる代表的な金型

抜き加工（せん断加工）の基本である**穴抜き**では、パンチをダイ穴に押し込むことで、穴をあけています。ダイの上に残った素材が製品で、分離された円形形状のものは**スクラップ**として排出されます。

抜き加工の基本形には穴抜き以外にも**外形抜き**があります。プレス加工品の大部分は、外形抜きの後にさまざまな加工を施すので、最も基本的ともいえます。外形抜きはパンチをダイ穴に押し込むことは穴抜きと同じですが、ダイを通過して抜かれたものが製品で、ダイの上に残ったものはスクラップとなります（図 5–8–1）。

●クリアランスの違い

穴抜き加工と外形抜き加工に用いられる金型の構造は同じですが、製品精度に大きく影響する箇所に違いがあります。これらの金型には、パンチとダイの間に**クリアランス**が必要なことは説明しました〈➡ p.94〉。パンチとダイの動きをスムーズにするためと、加工品の出来栄えを良くし金型寿命を延ばすためです。

このクリアランスを得るために、一般的にダイはパンチよりも少し大きく作られています。穴抜き金型と外形抜き金型もダイのほうがパンチよりも大きくなっていますが、この両者はクリアランスの幅に違いがあります（図 5–8–2）。

①穴抜き金型

穴のあいた素材が製品で円形形状の素材はスクラップになります。穴寸法はパンチの寸法に転写されるので、ダイ寸法はパンチよりクリアランス分大きくなります。穴抜きでは、製品の寸法に合わせてパンチを作り、ダイはそれより大きめに作るからです。

②外形抜き金型

製品形状に抜かれた素材と製品部分が抜けたスクラップに分離されます。製品形状はダイの寸法に転写されるので、パンチ寸法はダイ寸法よりもクリアランス分小さくなります。外形抜きの製品の寸法は、ダイの寸法とほぼ同じになるため、ダイを製品寸法に合わせて作るからです。

図 5-8-1　抜き加工の工程

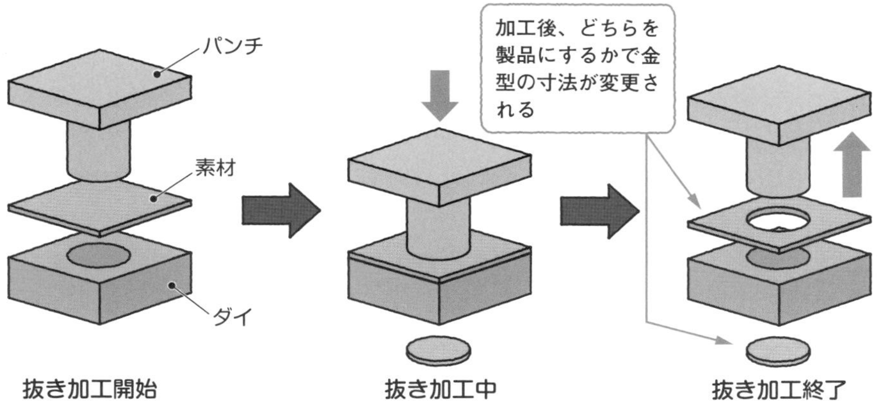

図 5-8-2　穴抜き金型と外形抜き金型

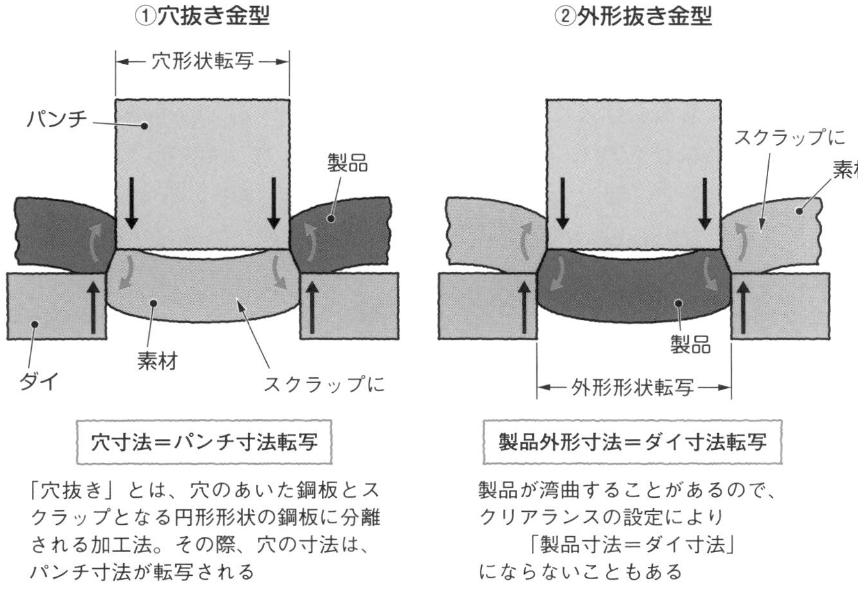

5-9 一見、容易に見える曲げ加工

曲げ加工は、一見すると単純な加工に見えるかもしれません。ここでは曲げ加工は「直線状の曲げ線に沿って、金属薄板を所定の曲げ角度に**フランジ**（出っ張り部分）を立てる加工」とします（図5–9–1）。加工が単純に思えるのは、加工ライン（曲げ線）が直線で、非常に狭い部分（曲げ部）しか変形していないからかもしれません。また、板厚1mmの軟鋼板（**冷間圧延鋼板**：**SPCC**）を人の腕力だけで変形させようとした場合、切ったり捩じったりすることは無理にしても、加工精度を無視すれば曲げることはできると類推できるので、こうしたことも判断材料になっているかもしれません。

ところが曲げ加工で作られた製品は、素材を曲げた角度が加工条件や材料特性などにより所定の角度より大きくなったり、小さくなったりして均一にならないことは珍しくありません。そのため、製造現場ではさまざまな試行錯誤が繰り返されています。

●板厚方向の変形プロセス

さて、金属薄板を立体形状に成形するという点では同じですが、曲げ加工と絞り加工では変形の仕方が異なっています（図5–9–2）。**絞り加工**ではフランジ部分の変形はx方向およびz方向に生じています（**面内変形**）。それに対して、曲げ加工では加工力はy方向（板厚方向）に作用します（**面外変形**）。このとき曲げられた板材の内側は圧縮されて縮み、逆に外側は引張られて伸びます。

この板厚方向の変形プロセスを、V曲げとL曲げを例にして説明します（図5–9–3）。**V曲げ**は、パンチとダイで板材を曲げ、加工の最終時点で押さえる突き曲げの代表です。一方の**L曲げ**は押さえ曲げの代表で、ダイ上に置かれた板材を押さえながらパンチで曲げます〈➡ p.117・図5–15–2〉。板材はパンチの肩につけられた丸みの形状に沿って滑りながら曲げられます。これらの曲げ加工では、被加工材を曲げる力が作用する場所が異なるため、その変形プロセスも異なります。このことが加工精度などに影響を及ぼしています。

図 5-9-1　曲げ加工とは

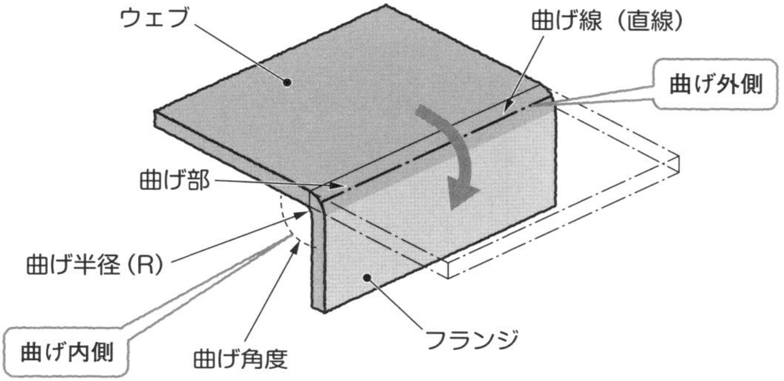

図 5-9-2　面内変形と面外変形

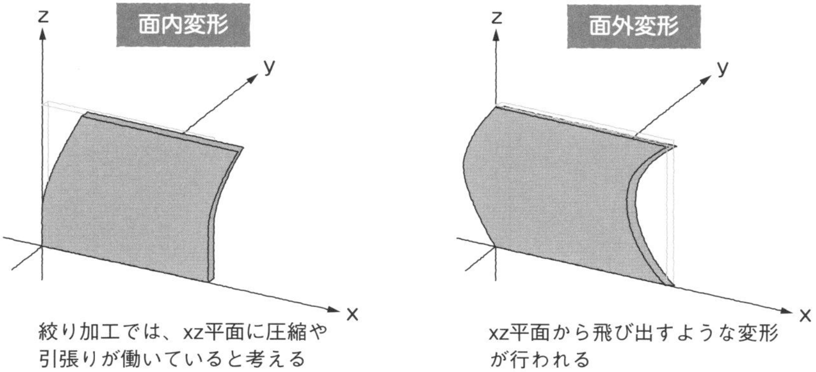

図 5-9-3　V 曲げと L 曲げの変形様式の違い

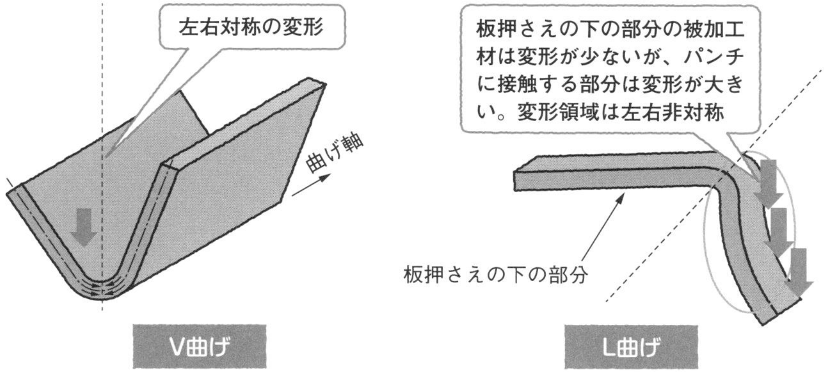

5-10 曲げ加工の原理

1枚の紙と多少厚さのある紙（たとえば書籍）を折り曲げたとします。前者の場合、**曲げ線**は直線で曲げ角度はシャープになります。ところが後者の場合は、曲げ線ははっきりとした直線にはならず、曲げ角度もシャープなものにはなりません。この違いの原因は、曲げるものの「厚さ」にあります。曲げ加工も同様です。板厚の違いが同じ曲げ加工をしても製品形状を大きく左右します。

●中立面とひずみ量の相関関係

曲げ加工では、**曲げモーメント**の作用により材料を変形させています。この曲げモーメントが作用する過程で、材料の内部に応力が働いて変形します。その結果、曲げる前は、図5-10-1に示すようにA－B間とC－D間の長さは同じだったのが、曲げた後は、外側のA′－B′間の長さは伸び、内側のC′－D′間の長さは縮みます。板材の変形を注視すると、板厚方向のどこかの位置に伸びも縮みもしない面（**中立面**）の存在が想定できます。

図5-10-2に中立面を示します。板厚面内に描いた格子状の線の一部を拡大します。板材の外側と内側をつなぐ線a－bと、それに平行した線g－hを引きます。線e－fの長さは中立面上の線分なので、曲げ変形の前後で長さは変化しません。

しかし、この中立面を境に、その外側と内側の両側でそれぞれ長さは変化します。外側では伸び、逆に内側では縮みます。伸縮する量は中立面から離れるに従い大きくなります。

素材が伸縮するということは、すなわち**ひずみ**が生じるということです。ひずみは、中立面からの距離を中立面の**曲率半径**（曲線の一部を円弧とみなしたときの円の半径）を割ることで得られます。つまり、曲げ変形によるひずみは、中立面から離れる距離に比例して大きくなっていきます。そして発生するひずみの大きさは、曲げの曲率半径が小さいほど、また板厚が厚くなるほど大きくなります。

このことから、薄板は厚板と比べると、曲げ線を直線にしやすく曲げ角度もシャープになるということがわかります。

図 5-10-1　曲げ変形と変形量

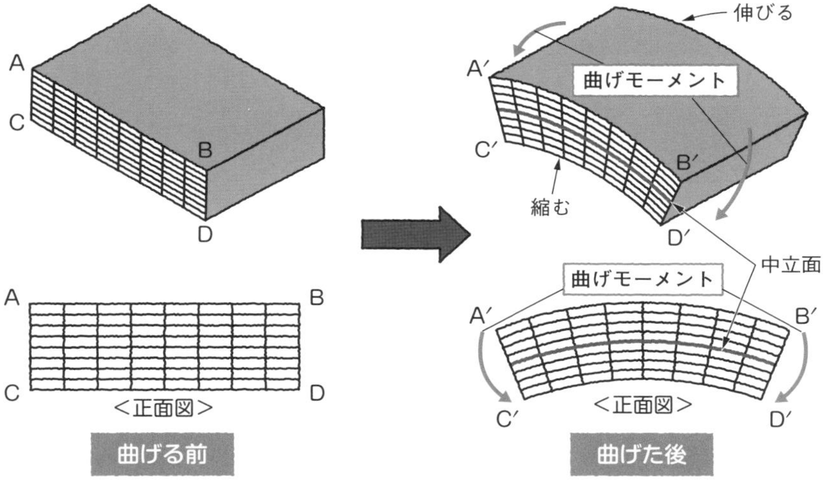

図 5-10-2　中立面とひずみの関係

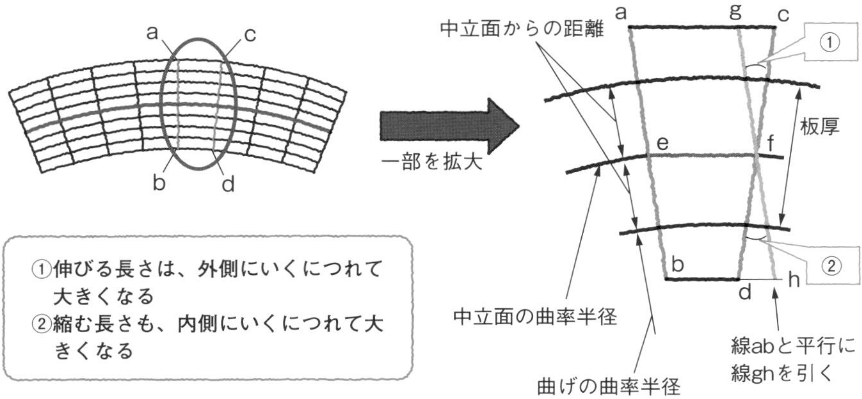

$$\text{ひずみ} = \frac{\text{中立面からの距離}}{\text{中立面の曲率半径}} \longrightarrow \text{曲げ変形の厳しさ} = \frac{\text{板厚}}{\text{曲げの曲率半径}}$$

言い換えると

5-11 厄介なスプリングバック

曲げ加工では材料の外側は引張られて伸び、内側は圧縮されて縮むと説明しました。製品は金型から離れると、この加工に加えられた力が除かれるため、形状が少し変化します。この現象を「**スプリングバック**（**弾性回復**）」といいます。ただ、プレス加工により材料は**塑性変形**しているので、元の形状までには戻りません。実際のところは、プレスブレーキ（直線的な曲げ加工を行う機械）で曲げ角度90度の加工をしたら、それが92度に開いていたという具合のようです（図5-11-1）。

板材の曲げ部分に注目してみましょう。曲げ加工により、長さが変化しない**中立面**〈➡ p.106〉を境に板材の外側のR部分には伸びが、内側には圧縮が生じます。これらの2つの相反する応力が生じている曲げ部分には、当然のことながらスプリングバックが起きます。

このため、曲げ加工後に金型から製品を取り出すと、拘束されていた製品に蓄えられていたスプリングバックが働くことで、でき上がった製品形状は金型形状と異なってしまいます。

●スプリングバックは加工精度に影響を与える

金属材料には伸びや縮み、引張り強さ、硬さ、弾性、塑性といった性質（**機械的性質**）があります。これらは素材ごとに異なっています。**引張り強さ**に優れた素材は、破断〈➡ p.78〉に至るまでに加えられる荷重の値は高くなります。

引張り試験では、荷重および伸びがゼロの領域から荷重を付与して試験片を引張ります。荷重をかけ続けていくと、試験片は弾性変形領域から塑性変形領域に入っていきます（図5-11-2）。

図中のB点で荷重を取り除くと、試験片は伸び切った状態からわずかに縮み、B′点まで戻ります。これがスプリングバックです。B−B′間の距離が弾性回復量で、スプリングバックの値になります。

高張力鋼板（**ハイテン**）〈➡ p.70〉など機械的性質が優れた素材ほどスプリ

ングバックは高くなる傾向にあるので、高い精度が求められるプレス加工ではスプリングバック対策が求められています。

図 5-11-1　スプリングバックとは

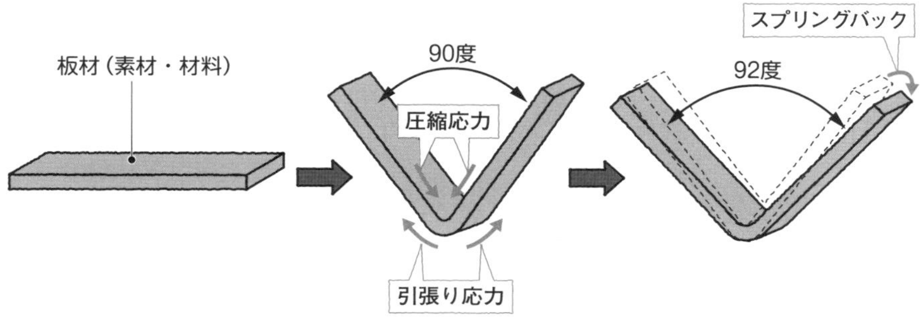

図 5-11-2　引張り試験で見るスプリングバック

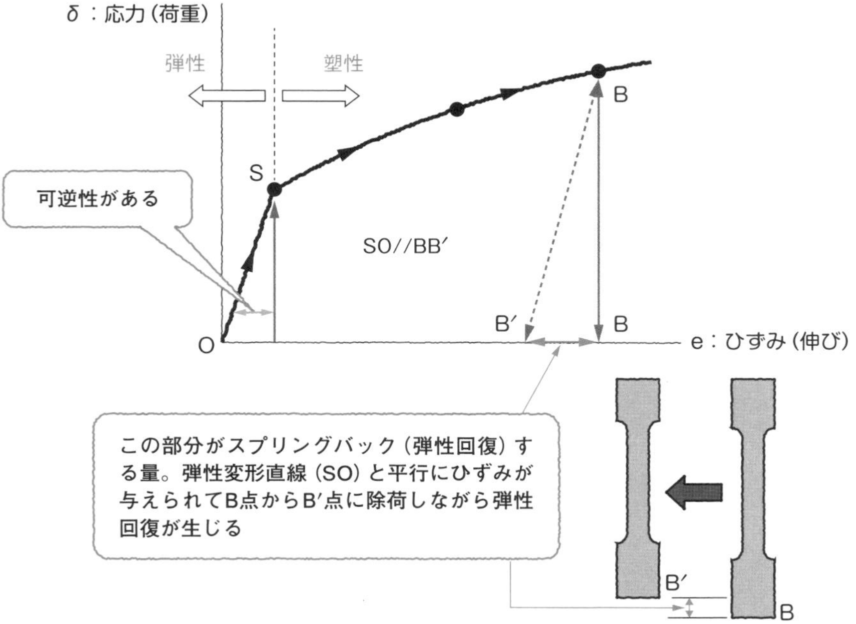

5-12 スプリングバック対策

スプリングバックが大きくなるのは、
・曲げ加工における弾性変形量が大きい場合
・同一の金型では、板厚が薄い箇所
・同じ板厚の場合、曲げ半径が大きい部分
で、これらの傾向が強くなるほど、スプリングバックは顕著に現れるようになります。

解決策としては、①オーバーベンド法、②コーナセット（コイニング）法などが考えられます。

以下に、この2つの方法について解説します。

●オーバーベンド法

プレスブレーキ（薄板の曲げ加工に使われる板金加工用機械で、ベンダーやベンディングマシンともいわれます）で曲げの修正に用いられている方法で、スプリングバックの影響を勘案して金型角度などを変更します。たとえば、製品の曲げ角度を90度とし、金型形状も90度にして曲げ加工したとします。その結果、スプリングバックの影響で製品の曲げ角度が92度になったとしたら、その差分を考慮して、曲げ金型形状を88度にして対処します（図5-12-1）。消極的な対処法として知られています。

●コーナセット（コイニング）法

スプリングバックは、板厚方向に働く「圧縮と引張り」の状態が大きな要因なので、この要因を減らすことでスプリングバックを減少させる方法です。つまり、圧縮と引張り状態の部分を、板厚方向への圧縮応力状態に変更することで、この問題の解消を図ります（図5-12-2）。しかし、この方法では、加工硬化が進むことから曲げ部分が硬くもろくなるので注意が必要です。積極的方法といわれています。

このほかにも荷重や方向を変更する対策案も考えられます。

図 5-12-1　オーバーベンド法

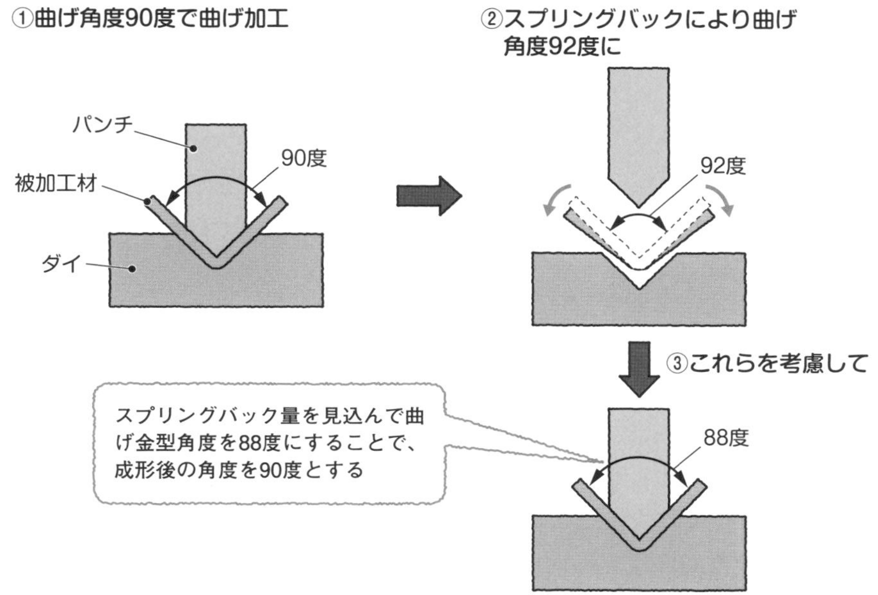

図 5-12-2　コーナセット（コイニング）法

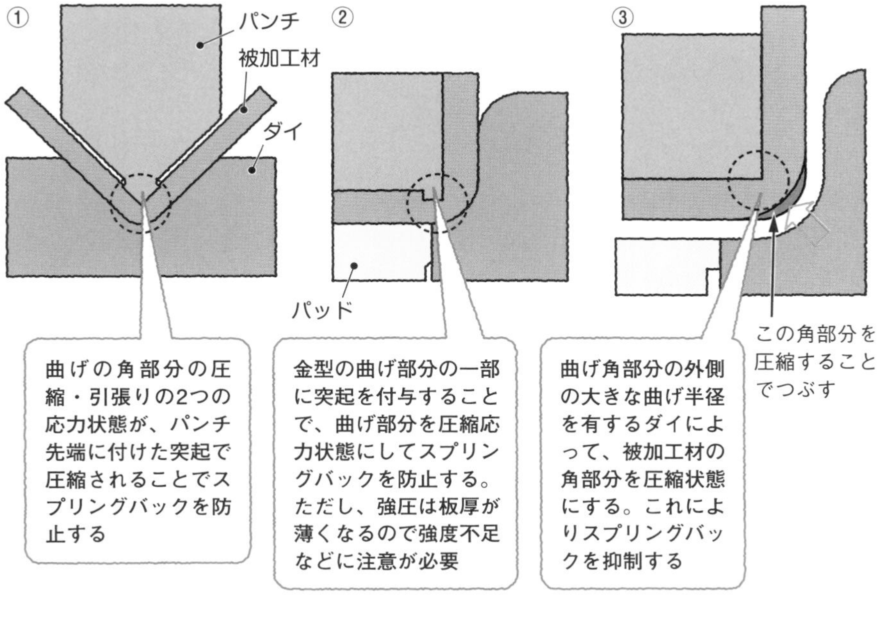

5-13 曲げ半径と割れの関係

曲げ加工が施された製品の角部分は丸みを帯びています。外側の曲げ部の丸みを**外R**（アール）、内側の丸みを**内R**といいます。曲げ部を直角にすると、その両側に**応力**（内側には**圧縮力**、外側には**引張り力**）が連続して働くようになるため、丸みは必要とされています。

この内Rを可能な限り小さくしようとすると、角部の外側に大きな引張り応力が生じて材料伸びが起き、亀裂ができて**割れ**が生じることがあります。割れができない内Rの最も小さい曲げ半径のことを、**最小曲げ半径**といいます（図5–13–1）。

製品設計や金型設計を行う場合、どの程度まで曲げ半径を小さくすることができるかが問題になることが多いため、汎用的に容易に利用できることを考慮して、一般的には、無次元量※として

最小曲げ半径【R_{min}】（無次元量）

＝限界（割れが入る直前）半径（mm）／板厚（mm）

（たとえば、板厚1mmの材料の最小曲げ半径が2なら、限界半径は2mm）の数式が利用され、表5–13–1のような材料別の汎用的なデータが用意されています。

●最小曲げ半径を決定するための要因

最小曲げ半径は、角部の外側が**引張り応力**に対してどのくらい伸びることができるかで決まります。ですから、伸びの大きい軟質材ほど最小曲げ半径を小さくできます。また、引張られた状態で割れができやすい面の状態も大きく影響を受けます（図5–13–2）。

最小曲げ半径を決定する主な要因は以下のとおりです。

・同じ材料であっても**圧延方向**に平行（0度）の曲げは割れが生じやすいので注意が必要です。

・せん断時にできたバリを曲げ加工の外側にすると、引張り力が働くため、割れがよりできやすくなります。

※無次元量：単位のない数。たとえば「比重」は、同じ物理量を割るので単位がなくなる。
比重＝物の密度（g/cm^3）÷水の密度（$1.0g/cm^3$）

図 5-13-1　最小曲げ半径とは

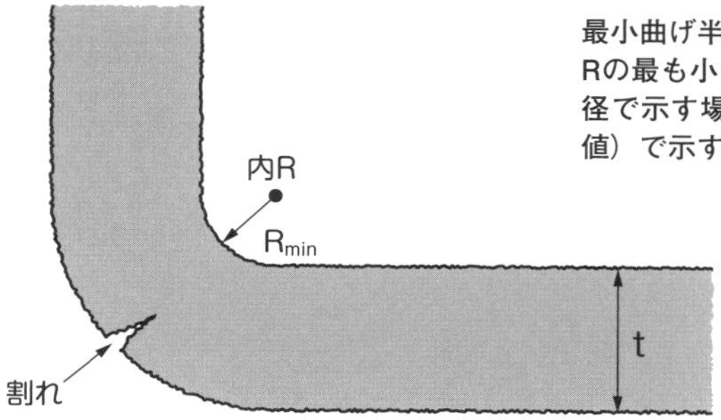

最小曲げ半径は、割れができない内Rの最も小さい曲げ半径。実際に半径で示す場合とR/t（板厚に対する値）で示す場合がある

表 5-13-1　主な材料の最小曲げ半径

材料	状態	R_{min}/t	材料	状態	R_{min}/t
極軟鋼	圧延	0.5 以下	アルミニウム合金	軟	1 以下
半軟鋼	圧延	1〜1.5	アルミニウム合金	硬	2〜3
銅	圧延	1〜2	ジュラルミン	焼なまし	1 以下
ベリリウム銅	軟	0.5 以下	ジュラルミン	硬	3〜4
ベリリウム銅	硬	2〜5	マグネシウム合金	焼なまし（常温）	4〜5
アルミニウム		0.5 以下	マグネシウム合金	硬（常温）	8〜9
			マグネシウム合金	硬（300 ℃）	6〜7

図 5-13-2　割れの生じやすさ・生じにくさ

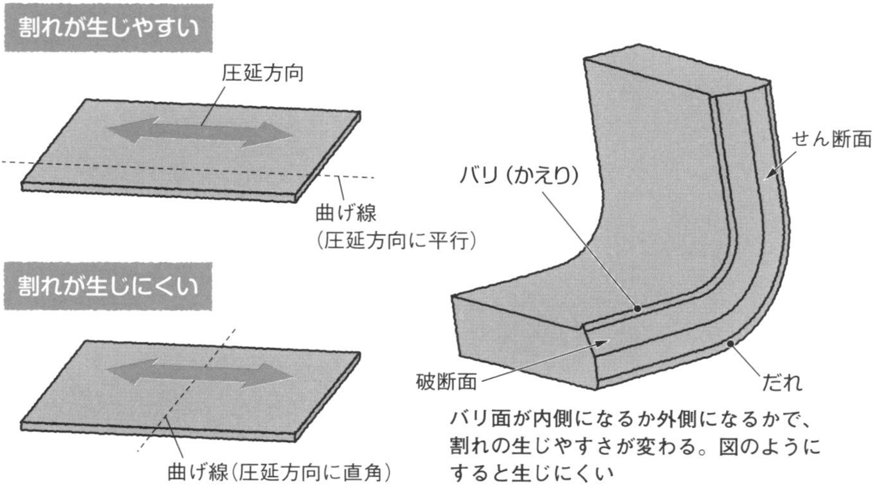

5-14 曲げ加工とそり、コブ

曲げ加工を行うと、多くのトラブルに遭遇することがあります。たとえば、

・曲げ角度が決まらない
・曲げ寸法が決まらない
・被加工材の端部が割れる
・製品に平坦度が出ない

などです。

これらの事象が生じる原因はそれぞれ別個なものではなく、共通した要因によるものです。それは、曲げ加工時に発生する**圧縮力**と**引張り力**が起因しています。曲げ加工時の被加工材には、

表面（外側）：周方向に引張り→**板幅方向**に圧縮
裏面（内側）：周方向に圧縮→板幅方向に引張り

が働きます。表面と裏面には逆向きの力がかかることから、板幅方向にそりが生じることが推測できます（図5-14-1）。

●曲げコブ、鞍そり、舟そり

曲げ加工で曲げ部に働く応力状態を詳しく観察すると、曲げを受けた曲げ線の両端部には次のような変化が起きます。表面（外側）は周方向（曲げ方向）に伸び、板厚を減少しようとするため板幅方向から素材が供給され引張り状態となります。一方、裏面（内側）は周方向に圧縮が生じます。素材中央部は材料移動がより強く拘束されているので、中央部の伸び縮みによるそりは、両端より小さくなります。と同時に、両端には「**曲げコブ**」といわれる出っ張りが生じます。この現象は厚板により顕著に表れます（図5-14-2）。

板厚に対して板幅が狭い場合（幅が板厚の8倍以下）には、製品は馬の鞍のような全体的なそり形状になります。板厚に対して板幅が長い場合は、端から板厚の4～5倍の距離に部分的なそりが発生します。長尺のV曲げ加工で問題となるのは**そり**で、そりには鞍そりと舟そりの2種類あります（図5-14-3）。舟そりは、曲げ加工機械の剛性が低いことが大きく影響します。

図 5-14-1　曲げ加工の応力状態

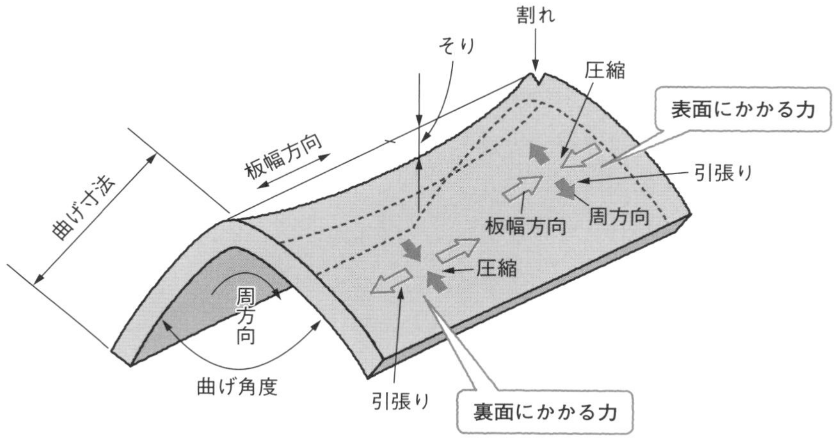

図 5-14-2　曲げコブ

図 5-14-3　鞍そりと舟そり

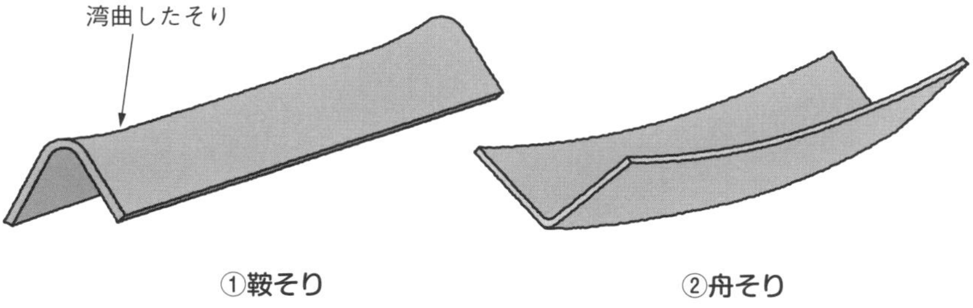

5-15 V曲げ加工とL曲げ加工のひずみ

曲げ加工には、V曲げ加工をはじめL曲げ加工、U曲げ加工、ロール成形など、さまざまな加工法があります（図5–15–1）。その中で代表的なV曲げ加工とL曲げ加工を取り上げます。V曲げとL曲げの加工法についてはp.104で解説しましたので、ここでは加工によって生じる**ひずみ**（変形）について説明します。

●左右対称なひずみと左右非対称なひずみ

V曲げ加工では、被加工材は左右対称に曲げられます。それに対して、L曲げ加工では左右非対称です。そのため、曲げ加工された製品に生じるひずみには明らかな差異があります（図5–15–2）。V曲げ加工では、ひずみも左右対称に生じます。一方、**L曲げ加工**では、**ウェブ**（被加工材の押さえられている部分）と**フランジ**（曲げられて立ち上がっていく部分）ではひずみの出方に違いが見られます。特にフランジ部分は、パンチが接触して加工が進行することからウェブ部分と比較してひずみは大きくなります。その度合いは、パンチ先端が被加工材に対して対称に接触しているV曲げ加工の最大ひずみの値よりもさらに大きくなります。

また、最大ひずみが現れる位置も、V曲げ加工とL曲げ加工では異なっています。L曲げ加工ではフランジ部にわずかに偏りを示します。これは、パンチが被加工材を曲げていくときに、摩擦力が働いて、フランジを押し下げる引張り力が高まるためです。このことが影響して、L曲げ加工の最大ひずみはV曲げ加工より大きくなります。さらに、その最大ひずみ位置は、フランジを押し下げる引張り力により、被加工材がウェブからわずかですがフランジ部へ移動していると考えられます。U曲げ加工における曲げ部分のひずみの状態は、L曲げ加工と同じです。

このように同じ形状でも加工法が異なると、曲げ部分のひずみも異なります。このことは、加工された部分の加工硬化の度合いや製品の板厚にも影響を及ぼすことを示唆しています。

図 5-15-1　主な曲げ加工の種類

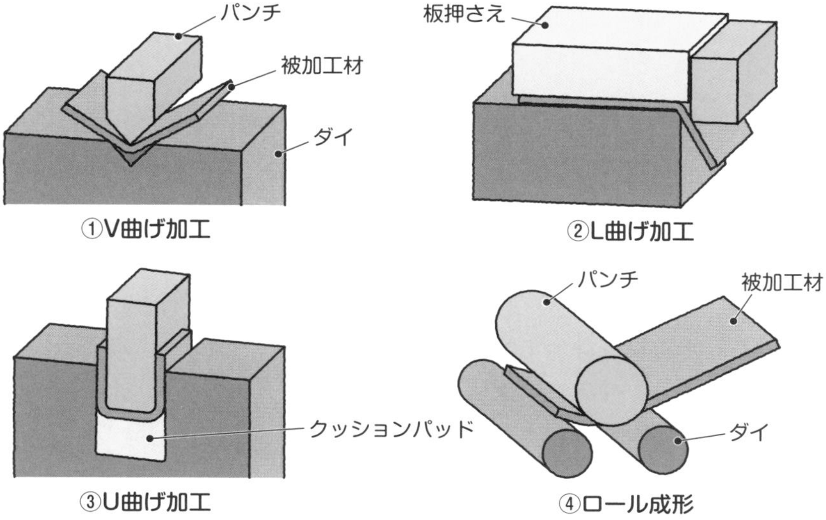

図 5-15-2　V 曲げと L 曲げの加工ひずみ

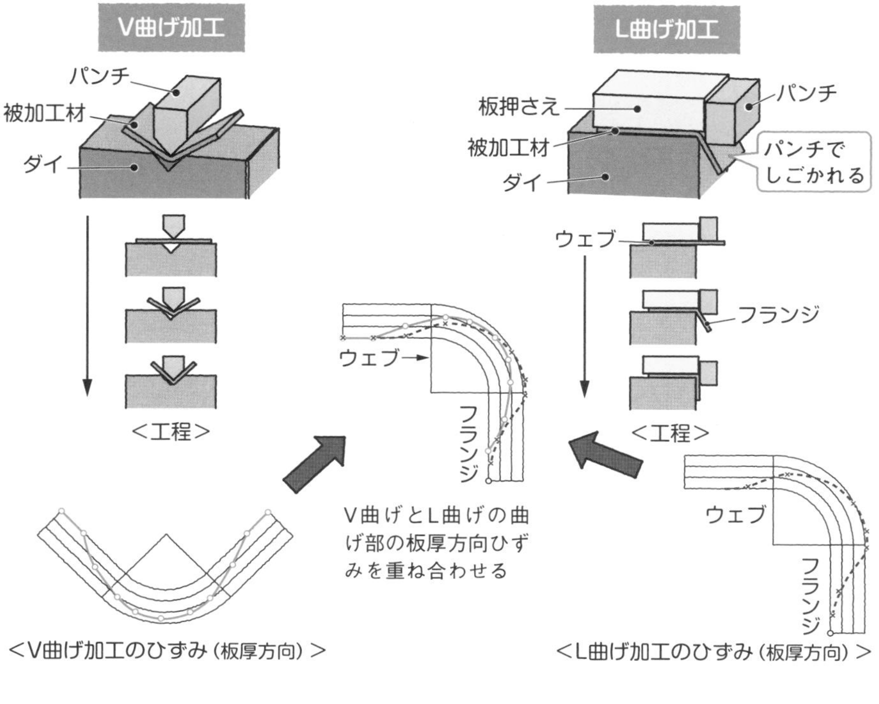

5-16 曲げ加工に使われる基本的な金型

●代表的な 3 種類の曲げ金型

曲げ加工でよく使われるV曲げ金型、L曲げ金型、U曲げ金型について説明します。

① V 曲げ金型

V形状のパンチとV溝をもつダイで構成されています（図5-16-1）。ダイの上に置かれた板材（被加工材）にパンチを押しつけて所定の角度に曲げます。板厚に圧縮力を与えない曲げ加工の場合、パンチの下死点は、板厚分の距離を残した位置が基本です。**スプリングバック**〈➡ p.108〉などによる精度不良の解決策として、曲げ部分を圧縮応力状態にするための荷重を与えて板厚を減少させることが行われます。

ただ、板厚を変えるほどの加圧は、機械や金型の剛性を考えると限界があるため、多くの場合、適正な製品角度となるような下死点位置の微妙な調整が必要になります。V曲げ金型は、プレス加工に適しない面があります。その理由は、パンチ先端に極端な集中荷重が生じるからです。

② L 曲げ金型

パンチとダイに加え、**板押さえ（ブランクホルダ）**で構成されています（図5-16-2）。加工される製品形状はV曲げと同じです。順送金型にはL曲げ金型が多用されています〈➡ p.148〉。被加工材の一端をダイと板押さえで保持し、ダイに沿って板材の一端をパンチで曲げます。L曲げ金型は、V曲げ金型より精度を保つことができません。そのために、曲げパンチの加工時の逃げに対する**バックアップヒール**（図5-16-2・A）や板押さえの荷重設定、曲げ加工部分の圧縮応力状態化などに工夫や注意を払う必要があります。

③ U 曲げ金型

U曲げ金型（図5-16-3）は、L曲げの組み合わせと考えてよいため、金型の動きは同じです。ただし、製品の取り出しやスプリングバックによる精度不良を解決するために、必要に応じて下からのクッションを利用したバックアップ装置を組み込んでパンチと連動させることが望ましいです。

図 5-16-1　V 曲げ金型

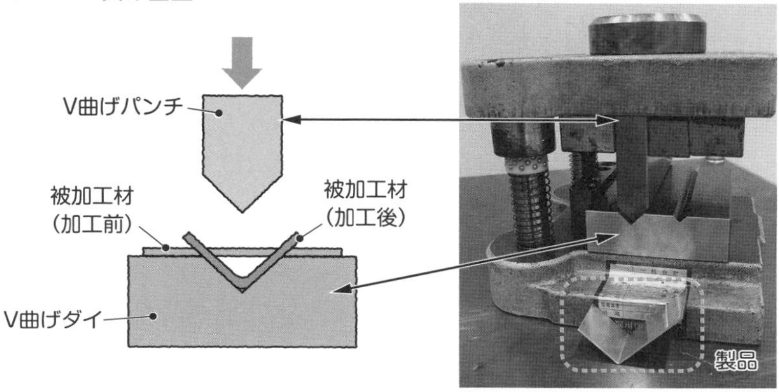

図 5-16-2　L 曲げ金型

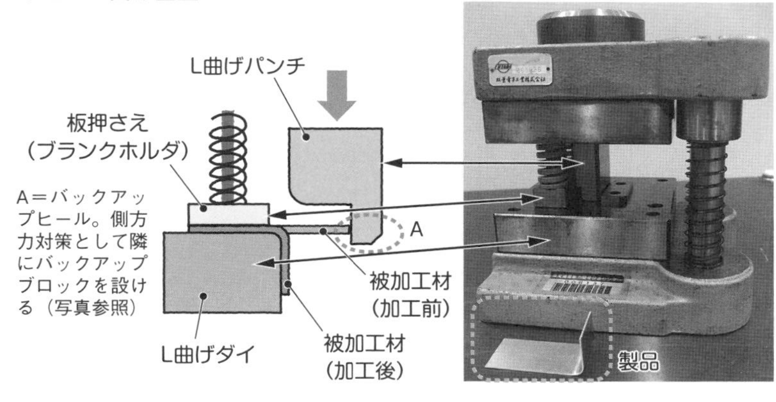

図 5-16-3　U 曲げ金型

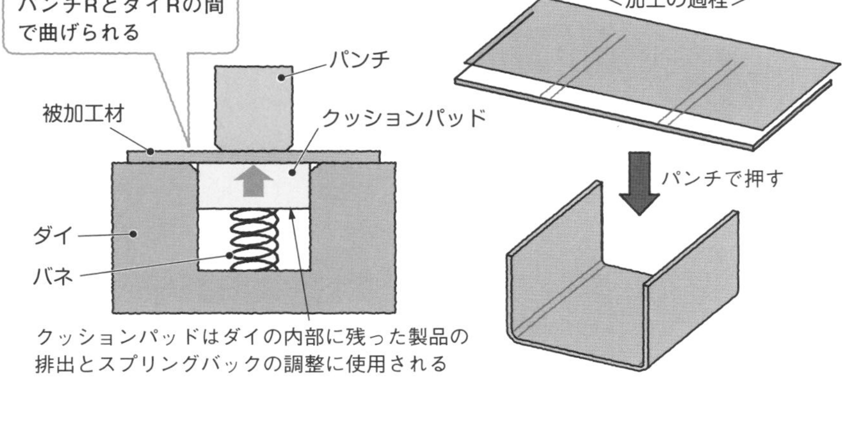

5-17 絞り加工とは

これまで取り上げてきた抜き加工や曲げ加工と比べると、これから説明する**絞り加工**は、プレス加工になじみのない方々にはイメージが湧きにくいかもしれません。それは、「絞り」から浮かぶイメージがプレス加工と結びつきにくいからではないでしょうか。

絞りから思い浮かぶのは、洗濯の際の洗い物を「絞る」ことやカメラ操作で露出を「絞る」といったことが考えられます（図 5-17-1）。また「知恵を絞る」「声を絞り出す」などという言葉を思い出される方もいることでしょう。これらに共通しているのは、

・範囲を小さく（人数を絞る、的を絞るなど）

・量を少なく（音を絞る、レンズを絞るなど）

のように小さくする、少なくすること、また対象の小ささや少なさを表していることです。

このことをプレス加工に置き換えると、被加工材に変化を与えて形状や量を小さく、あるいは少なくすることが、絞り加工につながっていきます。

●絞られて高くなっていく

それでは上記のことを確認しましょう。p.88 で解説したように、絞り加工ではダイと**ブランクホルダ（しわ押さえ）**〈➡ p.30・注〉で**ブランク**（板材を平板な状態にしたもの）をはさんで動かないようにし、パンチでダイ穴に押し込むようにして成形します。パンチの力でダイに押し込まれていく過程でブランクは徐々に絞られて製品になる部分に移っていき、外周は小さくなっていきます。

図 5-17-2 から明らかなように、製品と被加工材を上から見比べてみると、製品のほうが小さくなっていることがわかります。その一方、側面から見ると板状だったブランクがコップ状の立体形状に変わっています。

絞りの過程では、ブランクの周方向に圧縮力が働きます。その限度を超えると座くつ（圧縮力に直交する方向にはらみ出す現象）が起きて、しわが発

生します。しわができないようにするためにしわ押さえを使いますが、効きすぎると今度は割れが生じることがあります。しわと割れは、絞り加工の不良です。

図 5-17-1　カメラの絞り操作

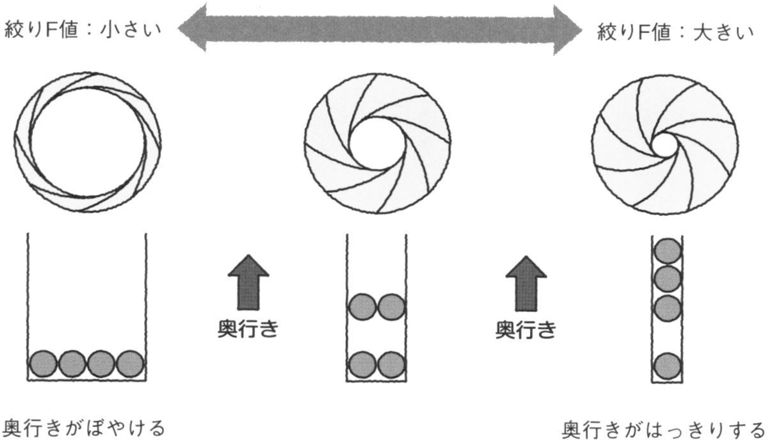

図 5-17-2　絞り加工と投影面積

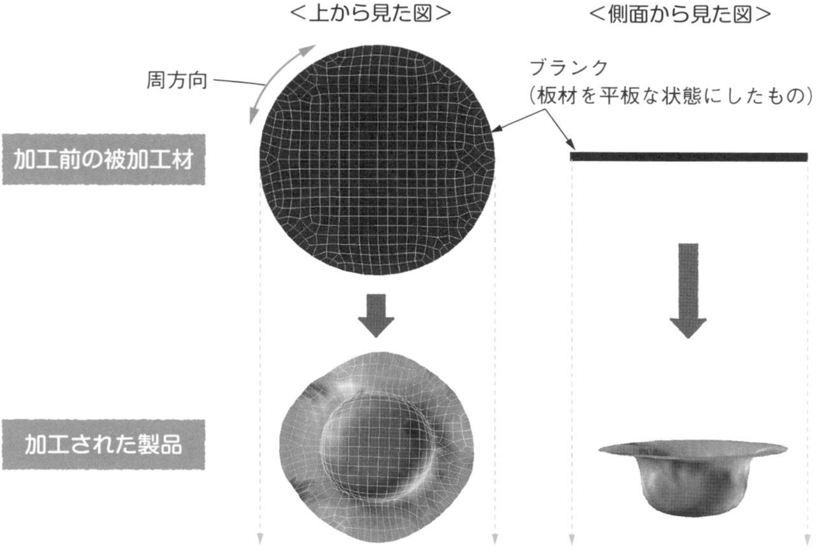

5-18 絞り加工におけるしわの発生

絞り加工はイメージしにくいと思われるので、もう少し詳しく説明します。p.12 で紙コップの工作例を紹介しました。構成部品を別々に作り、継ぎ目を接着して紙コップを作っています。絞り加工では被加工材を切断も接合もしないで製品にしています。当然のことながら継ぎ目もありません。そのために、被加工材自体を変形させています。

絞り加工には、

- **円筒絞り**（円筒形の絞り加工）
- **角筒絞り**（直辺部とコーナー部で構成された四角形の絞り加工）
- 異形絞り（円筒形や角筒形以外の絞り加工）

などがありますが、これらはすべて被加工材を変形させることによって成形しています。

●しわ押さえ力をコントロールする

絞り加工は、パンチでブランクをダイ穴に押し込む加工だとこれまで説明してきました。ブランクがダイ内に引き込まれていくに従い、ブランクは中心方向に移動していくことで小さくなっていきます。

ブランクの**フランジ**（曲げられて立ち上がっていく部分）もダイ穴へ向かっていきますが、ダイ穴の径よりもフランジ径のほうが大きいので、周方向に収縮しわが発生する可能性が高まります。

そのため**しわの発生**を抑える**ブランクホルダ**（**しわ押さえ**）〈➡ p.30・注〉が一般的に用いられています（図 5–18–1）。しわが発生するイメージは、等間隔に並んで手をつないで歩いている人が、狭い入り口に流れ込むことで押し合いへし合いになる感じです。

絞れる比率はダイ径とブランク直径の関係で決まり、その限界は高くありません。そのため通常は１回の絞り（初回絞り）では済まず、数回の絞り加工（再絞り）に分けて、徐々に直径を小さくして高さを高くしていきます。初回絞りではしわ押さえの役割は重要ですが、再絞りでは、しわ押さえの役割は相対的に低くなります（図 5-18-2）。

しわ押さえ力が低いとしわの発生を招きますが、強すぎると割れが起きてしまいます。それだけに、しわや割れの発生を防止するには、フランジ部分の変形コントロールが必要とされています。

図 5-18-1　しわの状態と成形

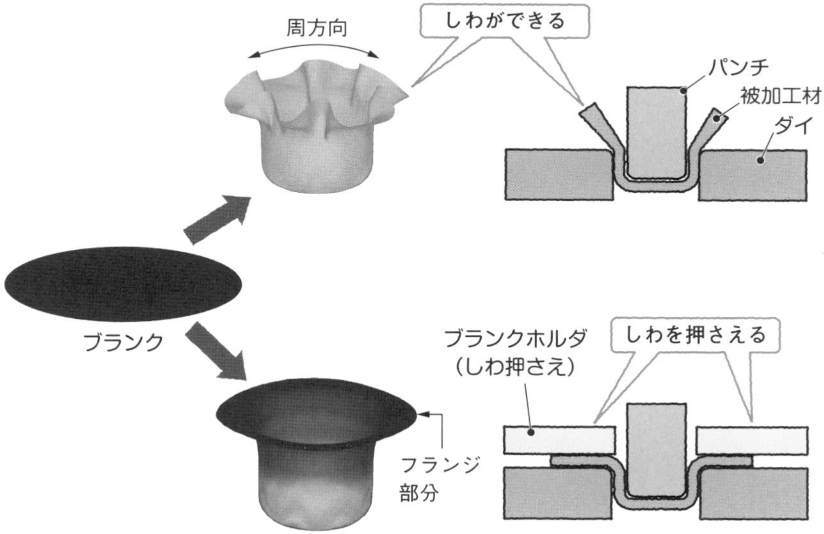

図 5-18-2　絞り加工の繰り返し（再絞り）

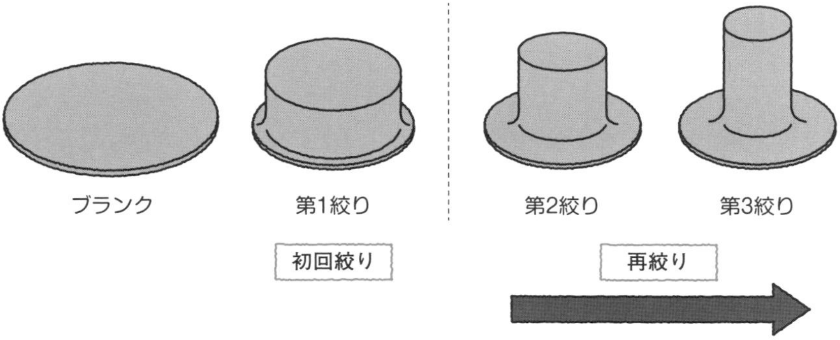

5-19 円筒絞り加工とブランク変形

円筒絞りは、絞り加工の基本となる加工法です。ブランク（金属製薄板）から円筒容器を作る過程において、**しわの発生**が問題となることはこれまで説明してきました。

絞り加工において、しわのない形状に加工するためには引張りや圧縮、板厚変化に配慮しながら**ブランク**を金型内に押し込んでいく必要があります。絞り加工の過程でブランクの流れと変形のことを考えると、**フランジ**部外周の半径方向では、パンチによる押し込む力としわ押さえ力でフランジ部分には**引張り力**が働きます。一方、周方向は「塑性加工変化前後の体積一定の法則〈➡ p.82〉」により、**圧縮状態**になります（図 5-19-1）。そのため、フランジがダイ内に流れ込む際に、**ブランクホルダ**（**しわ押さえ**）がないと、フランジ部の円周方向では圧縮状態がコントロールできずに無秩序状態に陥り、しわ発生の可能性が高まってしまいます。

●ブランクの r 値が変形具合を左右する

絞り加工では、ブランクのフランジ部分の変形（伸びたり、縮んだり、薄くなったりする）が大きなポイントになっています。この材料特性（**異方性**）を評価する特性値が**r 値**であることは p.84 で説明しました。図 5-19-2 でおさらいしてください。

この r 値の値が大きいと絞り性は良いといわれています。円筒絞りのフランジ（縁）での変形をイメージすると次のようになります。

・r＜1：**板幅変化**が少なく、**板厚変化**が大きくなります。結果として、円筒絞りでは r＞1 の箇所に比較して壁高さは低く、円筒部分の板厚は厚くなります。

・r＞1：板幅変化が大きく、板厚変化が少なくなります。結果として、円筒絞りでは r＜1 の箇所に比較して壁高さは高く、円筒部分の板厚は薄くなります。

すなわち、r＜1 では板厚変化が大きく、r＞1 では逆に小さくなります。また、r 値により成形の際「耳」ができる要因をより具体的にイメージできるようになります。r=1 は、板厚と板幅が同じ割合で変化します。つまり、r 値は耳の発生以外に円筒の壁高さや厚さの変化にも影響を及ぼします。

図 5-19-1　円筒絞り加工でフランジ部分に働く力

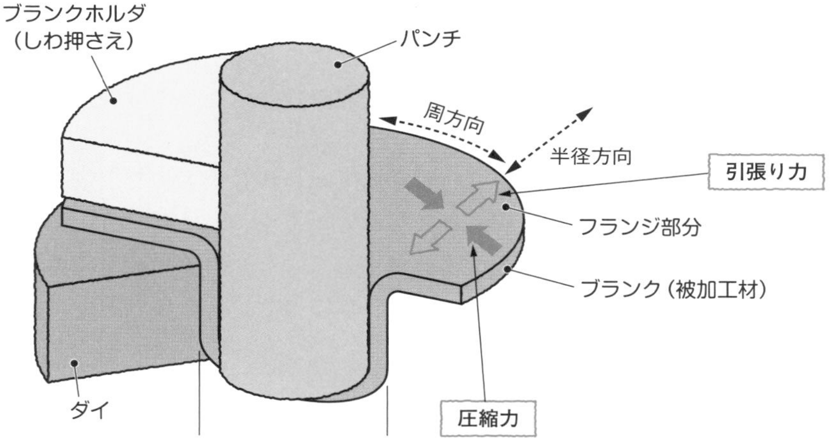

図 5-19-2　r 値と板幅・板厚の変化

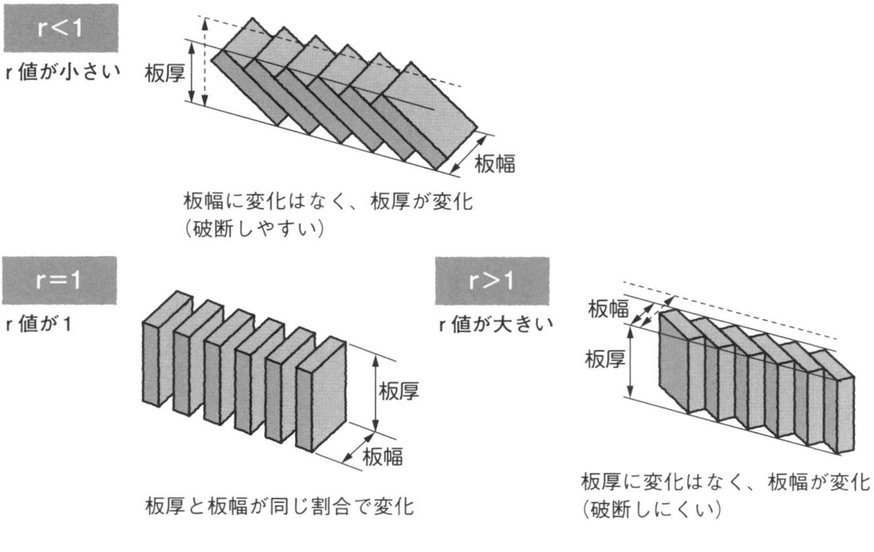

5-20 角筒絞り加工と材料の流れ

角筒絞り加工は、直線部と角部からなる絞り加工です。円筒絞り加工では側壁は均一の半径で構成され、全周は均等に変形するのに対し、**角筒絞り**では直線部は曲げ加工、角部は絞り加工と部位により加工法が異なっています（図 5-20-1）。このことは、**フランジ**部の直線部分と角部分では変形の仕方などが違っていることを意味します。

角筒絞り加工は、円筒絞り加工と曲げ加工が合体したもので、絞り状態と曲げ状態が同居した加工法と考えることができます。つまり、直線部の曲げ状態領域では、単純な曲げ変形だけが働くのに対し、角部の絞り状態領域では、円周方向に圧縮が働いていており、これにより、材料移動速度は直線部に比較して遅くなります。

●ブランク外周部分の材料流れを制御する

角筒絞りを行ううえでは、フランジ部位による材料の移動速度に留意する必要があることは理解されたと思います。円筒絞りではフランジ外周からダイ穴まではどこでも同一距離なのに対し、角筒絞りでは角部分は長く直線部分は短くなるからです。角部や直線部を問わずブランク外周部分が同時にダイ穴に流れ込むためには、フランジ部分の材料のダイ穴に向かう速度が重要になります（図 5-20-2）。

そのために、以下のような手段が講じられます。

・フランジ角部分の材料を切り落として、フランジ外周からダイ穴までの距離を調整します（実際には成形条件を考慮し、トライ・アンド・エラーを繰り返しながら、適正なブランク形状を決定することもあります）。

・材料移動距離が短い直線部の流れにブレーキをかけるため、**ビード**といわれる突起をダイまたはブランクホルダに設置します（図 5-20-3）。

・フランジの角部分のダイへの流入を効果的にするために、ダイＲ（ダイ部分につけられたＲ半径）を直線部に比較して大きくすることで、材料が流れやすくします。

図 5-20-1　曲げと絞りが同居する角筒絞り加工

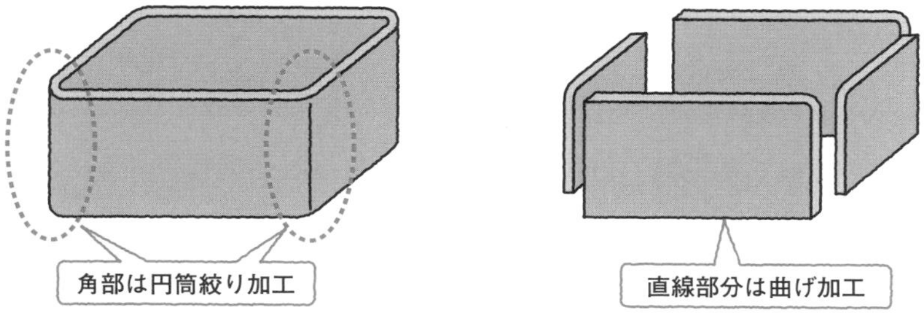

図 5-20-2　角筒絞り加工のフランジ移動速度

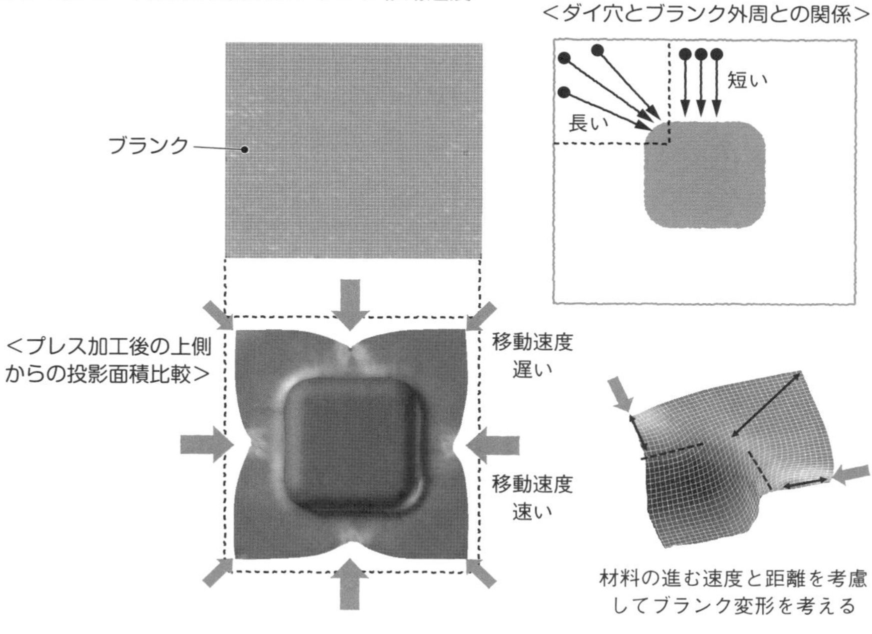

図 5-20-3　角筒絞り型の絞りビード

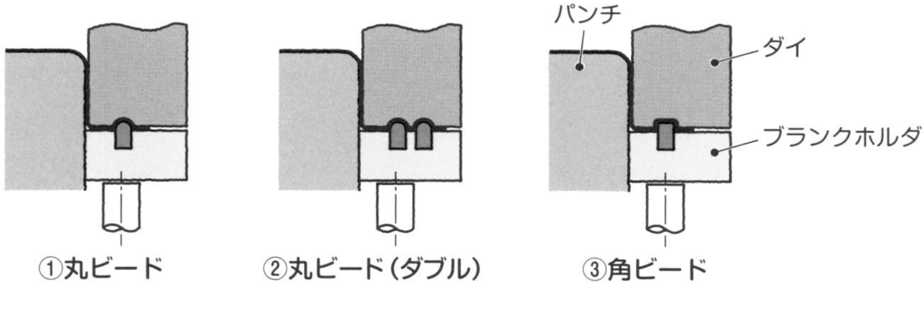

5-21 絞り金型の基本タイプ

絞り金型のコア部分は、打ち抜き金型や曲げ金型と同様、パンチとダイで構成されています。ただ、成形の過程でしわができる絞り加工では、しわの発生を抑える機能をもつブランクホルダを付加します。

絞り加工における金型の動作プロセスを図5-21-1に示します。基本的な金型構造は、順配置型と逆配置型に分類できます。**ブランクホルダ**と製品の取り出し（**ノックアウト**）に金型配置の特徴があります（図5-21-2）。

●逆配置型と順配置型

①逆配置型（上向き絞り金型）

パンチが下に、ダイが上に設置されていることから逆配置型といいます（図5-21-2①）。ブランクホルダを働かせるための力は、ダイに組み込まれたスプリングやボルスタの下に配置された**ダイクッション**〈➡ p.130〉などで出力し、**クッションピン**（加圧用ピン）で伝えます。ダイクッションが下方にあるため深い絞りにも対応できることから最もよく使用されます。ノックアウトは、加工品をダイから取り出すために備わっているノックアウトバーを利用するほか、ダイ内に組み込んだスプリングなどを機能させます。

②順配置型（下向き絞り金型）

パンチは上、ダイは下と通常どおりなので順配置型と呼びます（図5-21-2②）。上型に組み込まれたスプリングなどで**しわ押さえ力**を発生させます。加工品を下型（ダイ）から取り出すためにダイにノックアウトなどを組み込みます。金型設計や成形作業の際、絞り加工とプレス機械の関係は重要なポイントになります。特に絞り製品高さ（絞り深さ）は、パンチが移動する距離と同等です。このことは、成形終了後に製品を金型から取り出すことを考慮すると、パンチの移動量（プレス機械のストローク長さ）は、絞り製品高さの最低限2倍を超える長さが必要になることを意味します〈➡ p.48〉。実際には、安全や作業性から絞り製品高さの3倍以上のプレス機械ストロークが必要です。

図 5-21-1　絞り金型の動作プロセス

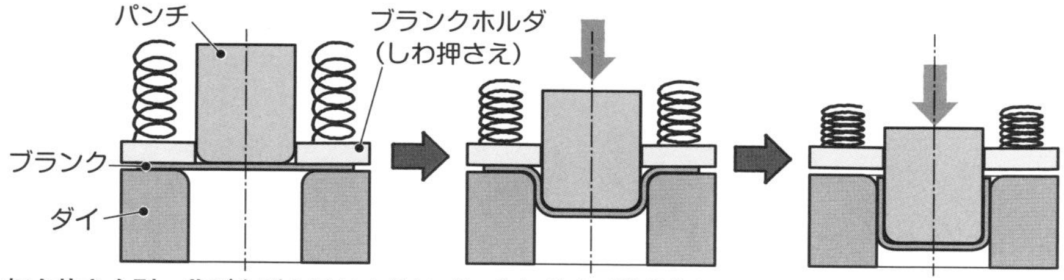

打ち抜き金型、曲げ金型と同じようにパンチとダイで構成される。しわの発生を抑えるブランクホルダ（しわ押さえ）が特徴

図 5-21-2　逆配置型（上向き絞り型）と順配置型（下向き絞り型）

①逆配置型（上向き絞り金型）

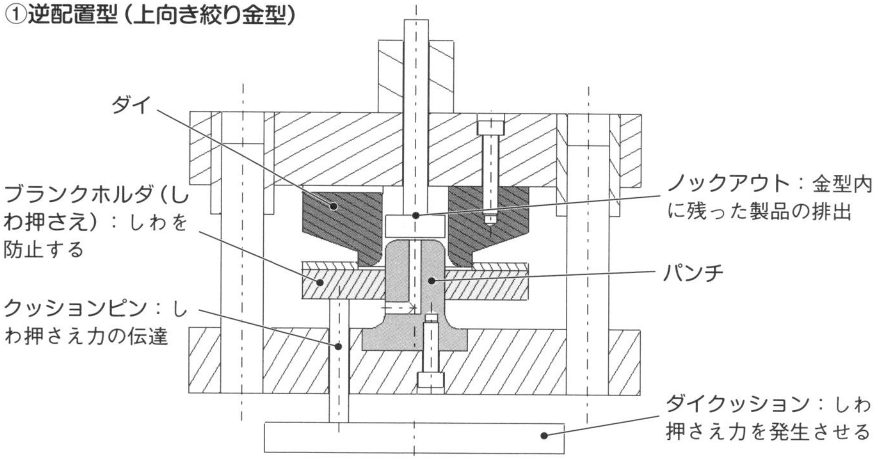

②順配置型（下向き絞り金型）

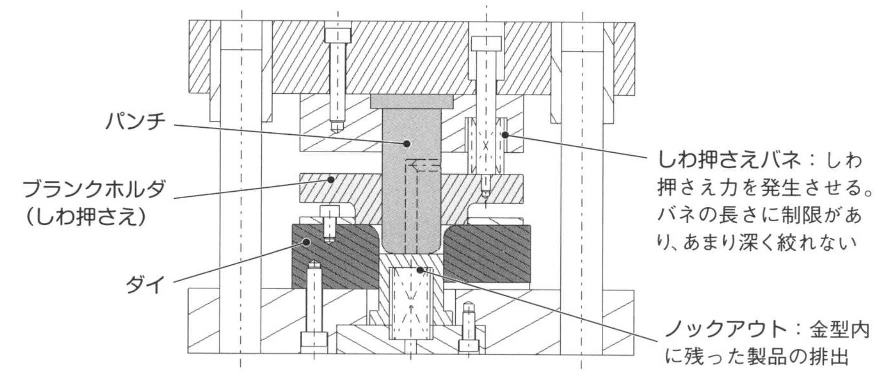

5-22 しわ押さえ力を生み出すダイクッション

ダイクッションは、絞り加工などを行うときに必要となる**しわ押さえ力**を発生させる装置で、プレス機械のベッド（フレームの一部で、加工時に加圧力を受ける基盤となる装置）部分に内蔵されています。駆動に必要な圧力源で分類すると、空圧式、油空圧式、油圧式があります。

一般的に使われている空圧式では、0〜0.5Mpaの範囲の空気圧を利用します。配管系の途中に組み込まれたレギュレータバルブで圧力が適切になるよう調整します。

ダイクッションは一種の空気シリンダで、シリンダ内に送り込んだ圧搾空気でシリンダを作動させます。シリンダ上部面をウェアプレートと呼び、この面に圧力を伝達する**クッションピン**を設置します。クッションピンの位置は決められているので、クッションピンの穴位置に合わせて金型を製作します（図5-22-1）。

クッションピンは**ブランクホルダ**に接しており、しわ押さえ力は被加工材やブランクの面積などを考慮して決定します。ダイクッションを使えるようにするため、逆配置型の絞り金型〈➡ p.128〉を採用します。

●クッションピンの管理・調整が品質維持の要

金型を交換する際に、クッションピンの長さの不均一（クッションピン端面やクッションパッドに微小なスクラップが付着することでクッションピンの長さが変化する）に注意します。絞り加工では、これが原因となってしわの発生などのトラブルを引き起こします（図5-22-2）。金型に合った長さのクッションピンを選択することが大切になります。

このようなミスを少なくすることを考慮した、クッションピンを交換しなくても成形が可能となるストローク調整機能を備えたダイクッション装置もあります。

これまでは、短い成形時間の途中でダイクッションの圧力を変更することは困難でしたが、ACサーボ制御や電動油圧式サーボなどをダイクッションに利用することで成形中に圧力変更ができるようになり、複雑な絞り成形や**高張力鋼板（ハイテン）**〈➡ p.70〉などの成形難易度が高い被加工材の最適条件下での加工が可能になりました。

図 5-22-1　ダイクッションとブランクホルダ（逆配置型の例）

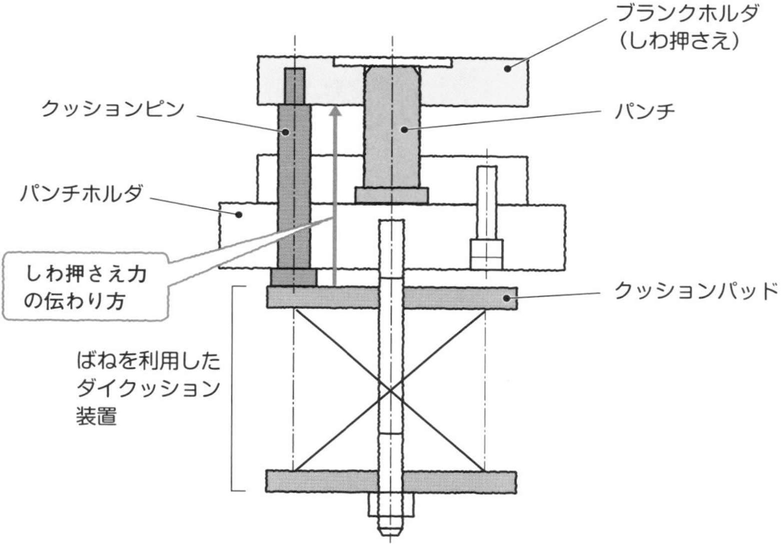

図 5-22-2　クッションピンのトラブル例

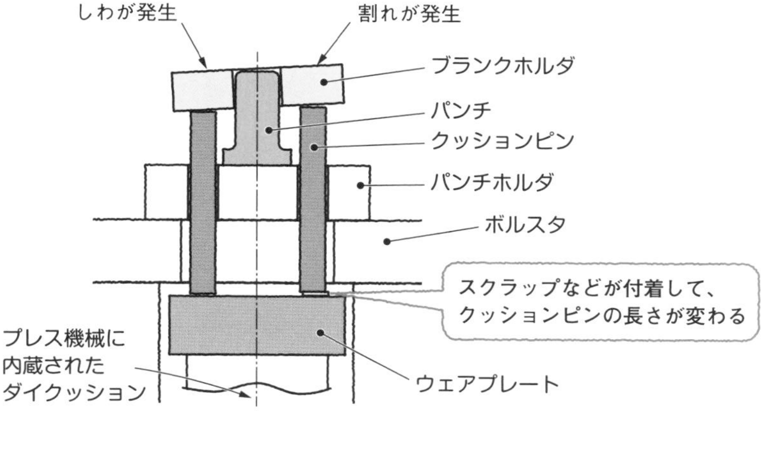

5-23 張出し加工

p.88で、主な加工法として抜き加工、曲げ加工、絞り加工、成形加工をあげましたが、張出し加工は成形加工の1種です。

張出し加工を一言でいうと、金属薄板をゴム風船のように「膨らませる」加工です。膨らませる（2次元形状から3次元形状にする）ということでは絞り加工と似ていますが、違う点も少なくありません。そのことについて解説します。

●張出し加工と絞り加工との違い

絞り加工では、円板（ブランク）をブランクホルダとダイの間にはさみ、ダイ穴に押し込むようにしてコップ状の容器などに成形します。板材はパンチの力でダイに押し込まれていく過程で板材の外周が徐々に縮まって容器状の部分に移っていきます。そのため外周は大きく変化します。

それに対して張出し加工では、板材を伸ばして（張出して）立体形状にしています。したがって外周は変化しません。端的にいうと、張出し加工はゴム風船のように膨らむ部分を大きくして（すなわち、この部分の厚さを薄くして）面積を広げています（図5–23–1）。

加工法についてもう少し詳しく説明します。ダイに載せられた被加工材にパンチを押し込んでいく工程は絞り加工と同じですが、フランジ部に大きな板押さえ力を強制的に加えることで被加工材を動けなくします。絞り加工のように、成形した部分への被加工材の移動やダイへの流入を起こさせないようにするためです。変形が可能な領域はパンチに接触する部分だけで、ブランクホルダで押さえられた部分以外に限定されます（図5–23–2）。

加工法の違いは製品形状にも違いとなって現れています。絞り加工では立体形状になっている部分の側面は垂直ですが、張出し加工では垂直にはできないため、ドーム（半球）やテーパ（台形の断面形状）です（図5–2–33）。絞り加工と比べると、しわや割れが発生しやすいのが難です。

張出し加工は、絞り加工とともに厚さ1mm前後の板材（冷間圧延鋼板）

の加工法のひとつとして、多く利用されています。実際には半加工製品の一部を膨らませて完成品にするなどして用いられています。

図 5-23-1　成形の仕方の違い

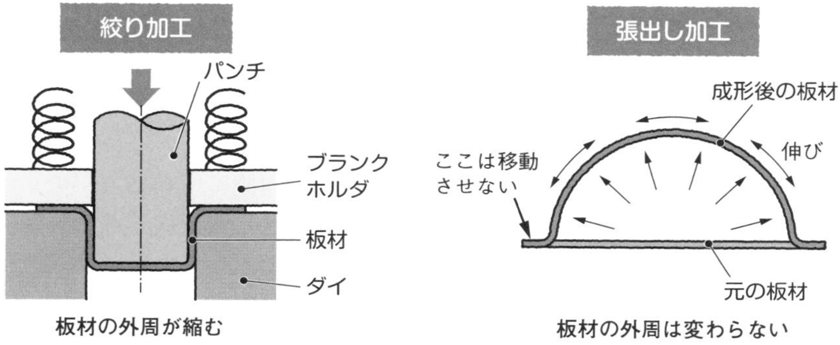

図 5-23-2　加工途中の状態の違い（逆配置型〈➡ p.128〉の例）

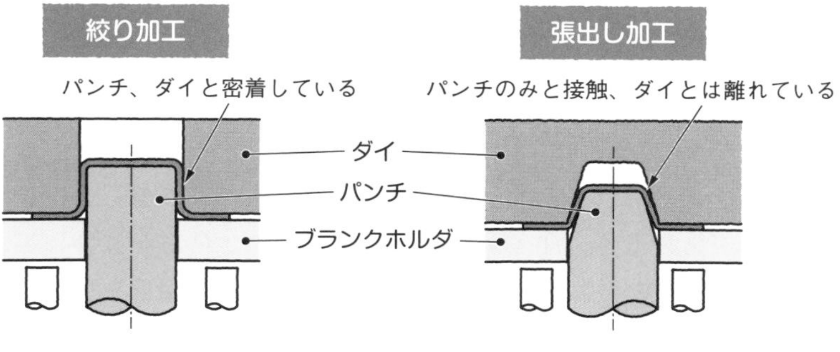

図 5-23-3　製品形状の違い

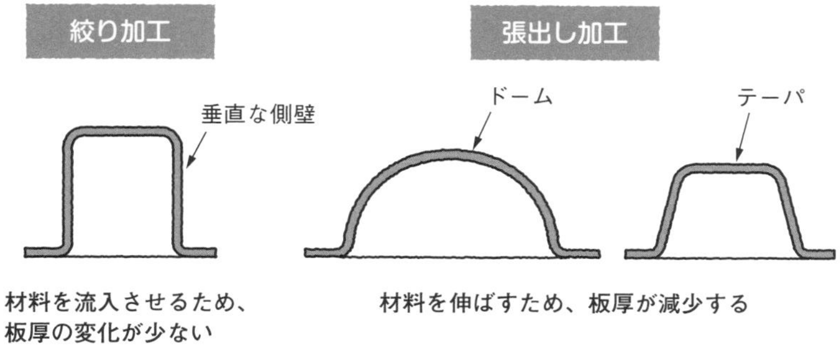

5-24 フランジ加工

フランジ加工は、板材の縁を折り曲げて出っ張り部分（**フランジ**）を作る加工法で、製品形状や加工方法はL曲げ加工〈➡ p.104〉に似ています。ただし、曲げ加工では曲げ線は直線ですが、フランジ加工の曲げ線は曲線です。この違いは加工品に生じる応力となって現れます。

曲げ加工では、曲げ部の外側に引張り応力が、内側に圧縮応力が発生するものの、平面部には応力は生じません。それに対し、曲げ線が曲線であるフランジ加工では、曲げ部には曲げ加工と同じ応力が働くと同時に、折り曲げられたフランジ部全体に引張り応力または圧縮応力がかかります（図5-24-1）。このため、製品の寸法が安定しなかったり、しわやひずみなどの不良が発生しやすくなったりと、曲げ加工に比べると加工の難易度は上がります。

フランジ加工は、曲面の形状によって以下のように分けられます。

●代表的な種類

①伸びフランジ

伸びフランジ（図5-24-2）は、曲げ線が凹形状したもので、フランジ部には引張り応力が働きます。加工時にフランジ先端部が横方向に伸ばされることから伸びフランジと呼ばれています。フランジ部と平面部を同じ幅にする場合は、フランジの伸びを勘案して、フランジ部に当たる端部を小さくした扇形のブランクを用います。金型は一般的なL曲げ型とほぼ同じものですが、ブランクホルダを用いて、平面部を押さえながら加工します。

②縮みフランジ

縮みフランジ（図5-24-3）は、伸びフランジとは逆に曲げ線が凸形状をしたもので、フランジ部には圧縮応力が働きます。ブランクは、伸びフランジとは逆向きの扇形のものを用い、加工するに従ってフランジ先端部が横方向に圧縮されることから縮みフランジと呼ばれます。加工の際、板厚に対して曲げ線の曲率半径〈➡ p.106〉が小さいと、しわが発生しやすくなります。この点については、円筒絞り加工と似ているといえそうです。

図 5-24-1　曲げ加工とフランジ加工の違い

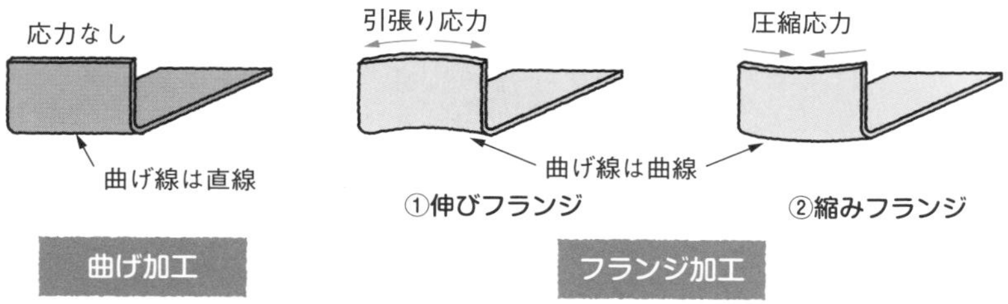

図 5-24-2　伸びフランジの特徴

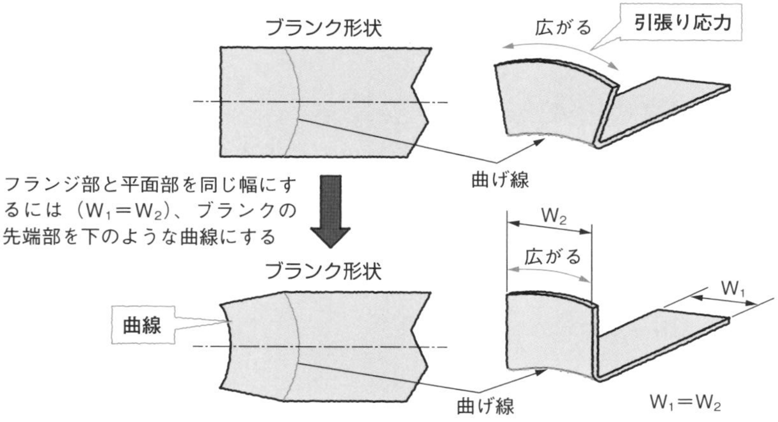

図 5-24-3　縮みフランジの特徴

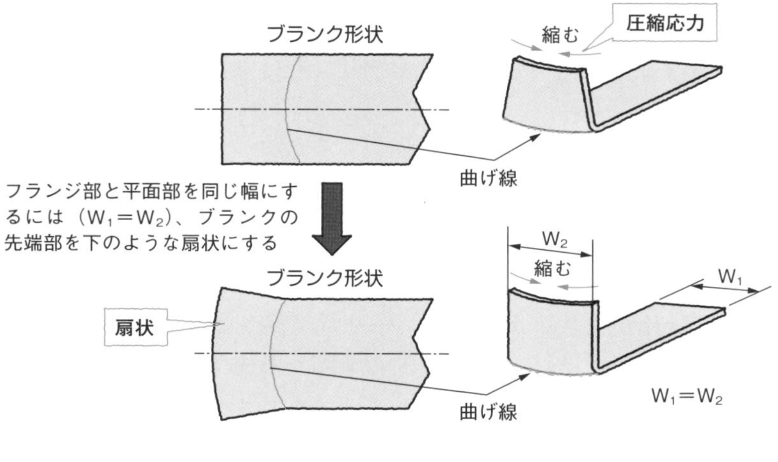

5-25 バーリング

バーリングは、板材にあけた穴の縁を立ち上げ、その縁をつば（フランジ）にする加工法で、**穴フランジ**ともいわれます（図5-25-1）。板材にネジ穴加工が必要な場合、板厚が薄すぎるとネジ山を加工する部分が確保できません。そうした場合、バーリングでネジ穴の縁を円筒状に加工することで、ネジ山を設ける箇所が作れます。また、面の強度向上や軸を通す穴の補強などにも活用されます。

●バーリングパンチの形状

バーリングは、一般的に前工程で板材に下穴をあけておき、その穴にバーリングパンチを押し込み、穴を広げながら穴の周囲を垂直に立ち上げてフランジにします（図5-25-2）。

バーリングパンチは先端の形状によってテーパー形、砲弾形、平頭形に分けられます（図5-25-3）。

①テーパー形

下穴を均一に広げることができ、バーリングの高さは比較的低く、側壁部の厚さを厚くする加工に向いています。小径で高い寸法精度が求められる加工にも用いられます。

②砲弾形

最も多く使われていますが、加工や形状・寸法精度の確保にノウハウが求められます。

③平頭形

側壁部の厚さは薄くなるものの、バーリングの高さを高くする場合に用いられます。また比較的大きな径のバーリング加工にも使われます。

バーリング高さは、バーリング直径と下穴との直径比に左右されます（図5-25-1）。直径比が大きくなるほどバーリング高さは高くできますが、限度を超えると割れなどの不具合が発生しやすくなります。

下穴の直径を大きくすると加工はしやすくなりますが、その反面高さは低くなります。逆に下穴の直径を小さくすると加工は難しくなるものの、高さは高くなります。

図 5-25-1　バーリングとは

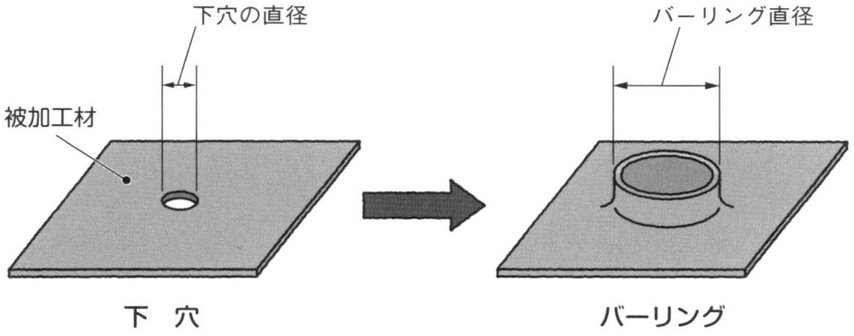

図 5-25-2　バーリング加工

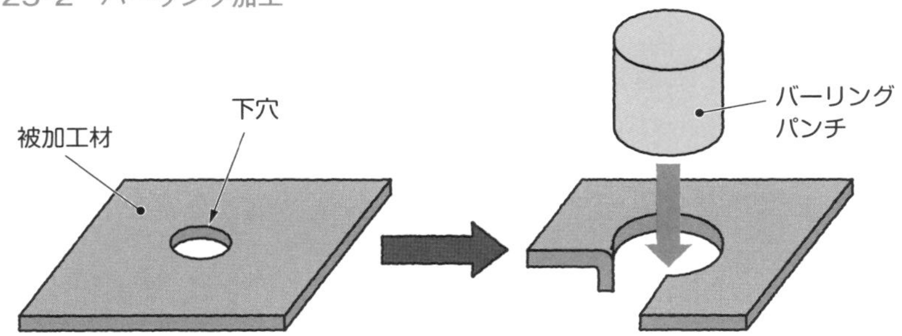

図 5-25-3　バーリングパンチの種類

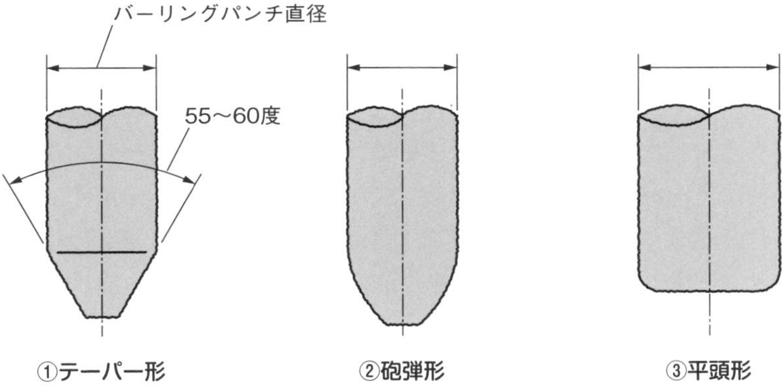

5-26 カーリング

カーリングは、被加工材の縁を円弧状に丸める（カールする）加工で、人が触れた場合のケガ防止および機械的強度や美観の向上などを目的として行われます。単独で用いられるよりも絞り加工などを施した半加工品の端部をカーリングして最終製品にするのが一般的です。

カーリングでは、パンチの内側に設けられた円弧に沿って被加工材の縁の端部からカールしていきます（図 5-26-1）。そのとき被加工材の外側は金型に拘束されるものの、内側は金型と接触しないフリーな状態です。このため、座屈（素材に荷重を加えていくとある時点で曲がる現象）によるしわや変形が起こることがあります。

●外巻きカールと内巻きカール

絞り加工した成形品の縁をカーリング加工する場合、外側に丸めるか内側に丸めることになります。前者を外巻きカール、後者を内巻きカールと呼びます（図 5-26-2）。**外巻きカール**では、カーリングの過程で成形品の縁には周方向に引張り応力が働きます。この引張り応力が災いして、成形品に割れが生じることがあります。他方、**内巻きカール**の場合は、カーリングの過程で成形品の縁には周方向に圧縮応力が働くため、座屈によるしわが発生しやすくなります。

外巻きカールと内巻きカールを比べると、内巻きカールのほうが加工の難易度が高いことから、カーリングは外巻きカールが大勢を占めています。

プレス加工では製品の外観も重視します。カーリングの場合は、カール形状が同心円状になるように配慮しています。そのため、カーリング用金型では円弧部にテーパー状の導入部を設けて成形品の縁に入りやすくしているほか、金型表面を滑らかに仕上げて加工作業中の抵抗を減らすようにしています（図 5-26-3）。また、成形品の縁（先端部分）を加工前に曲げて丸みをつけて直線部分が残らないようにしたり、絞り加工時のダイ R を利用したりして同心円に近づけています。

図 5-26-1　カーリングの加工過程

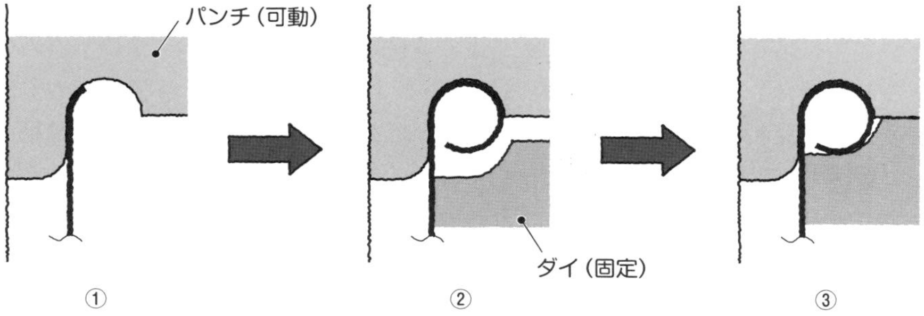

図 5-26-2　外巻きカールと内巻きカール

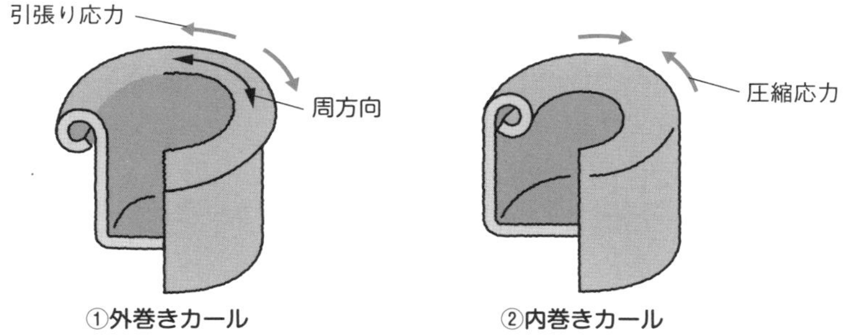

図 5-26-3　カーリング用金型の例

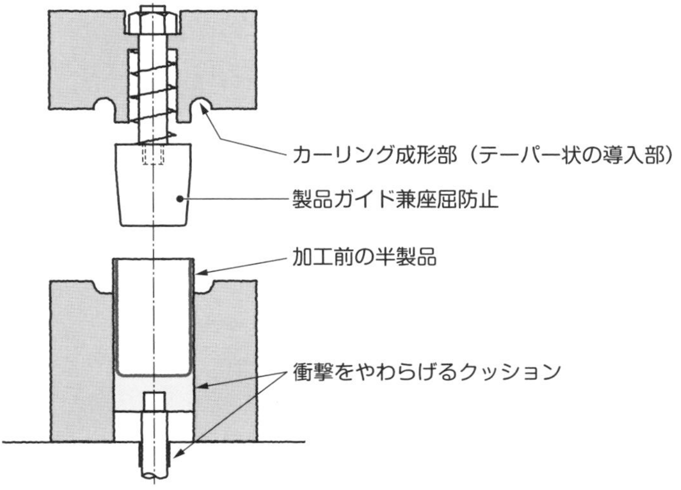

プレス作業のリスクアセスメント

プレス作業は、労働安全衛生法によって従事する作業者への「法律で定められた教育」を施すことが決められています。しかしながら「労働者の安全」には教育だけでなく、安全装置が必要となります。また実際の生産現場では、生産形態のグローバル化や高年齢化、雇用の流動化による多国籍作業者の出現も珍しくありません。これらのことは、日本が作り上げてきた安全教育による労働環境（安全文化）を引き継いでいくことが難しくなっていることを意味します。

現在の製造業におけるグローバル化では、「機械の危険を排除して、安全を確保する機械装置の設計を行うこと」が望まれています。すなわち、プレス機械のリスク（ある行動に伴って、危険に遭う可能性や損をする可能性を意味する概念）を見積もる「リスクアセスメント」の結果に対して、具体的な対策を講じることが求められているのです。

●リスクアセスメントの考え方

実際のリスクアセスメントは、災害が起きることを想定して

・S：危害の程度（障害の程度）

・F：危険にさらされる頻度または時間（暴露頻度）

・P：危険回避の可能性（危害を抑える可能性）

の視点で見積り、それに対して、

・M：防護のレベル

という安全対策レベルの視点を考慮して、結果として５段階の

・R：リスクカテゴリー（リスクの区分または危険性の区分）

を評価します。

その評価に対して、対応する安全方策カテゴリーのいずれかに合致し、それぞれのカテゴリーの安全機能が維持できる方策をとることが望まれています。

基本的な考えとして、危険の度合いから現状の安全確保程度を引き算することで「リスク」を評価するために、以下の式を利用して行います。

$$S \times (F + P) - M = R$$

第6章

各種加工と専用金型

プレス加工では、加工される製品ごとに金型が必要です。
したがって、製品に寸法変更が生じれば新たな金型が必要になります。
これが、プレス加工には「専用金型」が必要といわれる理由です。
金型は、製品を加工するために必要な抜き（せん断）・曲げ・絞り工程が
組み合わせられていますが、その組み合わせ方はひとつではありません。
各種加工の基本を学び、共通点と相違点を十分理解することが、
新たな組み合わせを「創造」することにつながります。
この章では、そのような視点から専用金型についてみていきます。

6-1 1工程・1加工の単発金型

プレス加工は、プレス機械のスライドが上死点と下死点の間を1往復する際に、下死点に下降するまでに加工を行うのが基本です。1回の上下運動（1サイクル）で抜きなら抜きを、曲げなら曲げを、絞りなら絞りを、というようにひとつの工程をひとつの金型で行うのが、単発（単加工・単工程）金型です（図6-1-1）。

●工程ごとに特化した専用金型

これまで説明してきたように、プレス加工法には多くの種類があります。プレス金型は、その種類ごとにそれぞれ構造が異なっています。**単発金型**が加工できるのはひとつの工程だけですので、1回の加工に3つの工程がある場合、金型は3つ必要になります。

抜き加工に使う単発金型は抜き型、曲げ加工用なら曲げ型、絞り加工用なら絞り型、成形加工用なら成形型などといいます。また、抜き型には切断型、分断型、外形抜き型、穴抜き型、縁切り型などがあり、曲げ型には加工法に応じてV曲げ型、L曲げ型、U曲げ型などがあります。さらに、絞り型には円筒絞り型や角筒絞り型、異形絞り型、逆絞り型、しわ押さえ型などがあり、成形型には張出し型、フランジ型、バーリング型などがあります（表6-1-1）。

単発金型の金型機能としては、

①材料案内

②製品加工

③製品取り出し

④プレス機械に取り付けること

の4つがあげられます。

材料案内とは、被加工材を金型内に送ることで、金型の前に取り付けられた部品（ストックガイド）によって行われます。製品加工や製品取り出し、プレス機械への装着は、単発金型に限らず次項以降で説明する他の金型にもある機能です。

図 6-1-1　単発金型の例

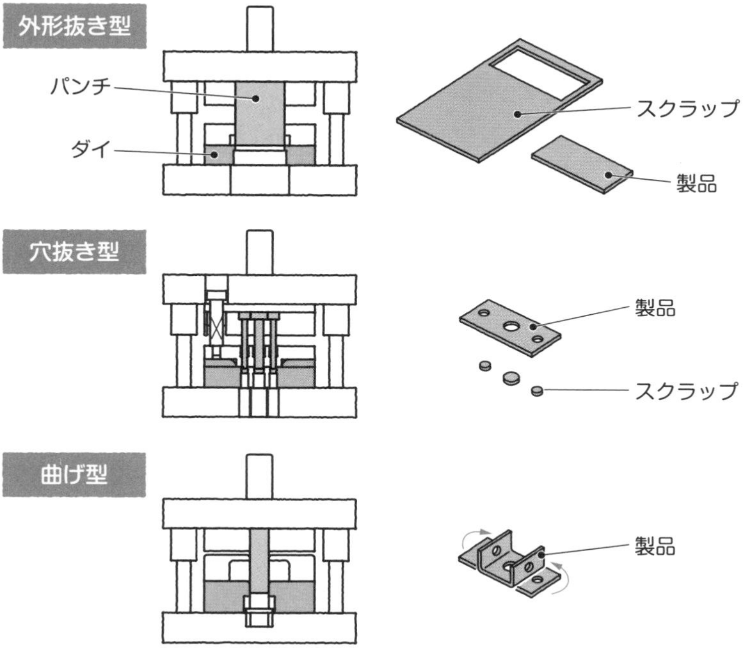

表 6-1-1　単発金型の種類

大分類	中分類	金型の例
単発金型	抜き型	切断型、分断型、外形抜き型、穴抜き型、縁切り型、カットオフ型　など
	曲げ型	V 曲げ型、L 曲げ型、U 曲げ型、Z 曲げ型、丸め型、カム曲げ型　など
	絞り型	円筒絞り型、角筒絞り型、異形絞り型、逆絞り型、しわ押さえ型、再絞り型　など
	成形型	張出し型、フランジ型、バーリング型、カーリング型、ビーディング型　など
	圧縮型	押出し加工型、すえ込み型、圧印（コイニング）型、スェージング型、均し型　など

6-2 1工程で複数の加工をこなす組合せ金型

1回の動作で、ひとつの金型により複数の加工を行うのが**組合せ金型**（複合型）です。プレス加工ではひとつの工程で加工が完了する製品は少なく、いくつかの工程を組み合わせているのが普通です。そのため、どのように組み合わせるかが加工を行ううえで大きなポイントとなります。

●複合加工型と組合せ加工型

組合せ金型の種類には、次の2つがあります（図6-2-1）。

①複合加工型（Compound dies）

同じ加工を2回以上並行して行います。たとえば、1工程中に曲げ加工を2回行うなど。

②組合せ加工型（Combination dies）

1工程中に異なる2種以上の加工を行います。たとえば、抜き加工と絞り加工を行うなど。

比較的多用されている、複合加工型のひとつである総抜き型（穴抜き加工と外形抜き加工を行う金型）について説明します。ワッシャのようなせん断箇所が2カ所ある形状（図6-2-2・製品）の加工において、まず**穴抜き**（同工程(1)）ではスライドにパンチを、ボルスタにダイを装着します（これを順配置といいます：同組合せA)。他方、外周のせん断を行う**外形抜き**（同工程(2)）は、パンチをボルスタに、ダイをスライドに設置（逆配置）します（同組合せB)。こうすることで、抜いた加工品は金型に残ります。このように2つの加工を同じひとつの金型に組み込むことで、穴抜きと外形抜きを同時に行うことが可能になり、精度の高い製品を効率よく生産できます。

一方、代表的な組合せ金型として、抜き絞り型があります。スライドが下降する際に、❶材料から円形ブランクを抜き加工（図6-2-1・a)、❷その円形ブランクを絞り加工（同b）と、1サイクル中に2種類の加工を行っています。工程が短縮できれば、金型がひとつで済んで加工コストの低減を図れるなど、組合せ金型にはメリットが少なくありません。

図 6-2-1　複合加工型と組合せ加工型

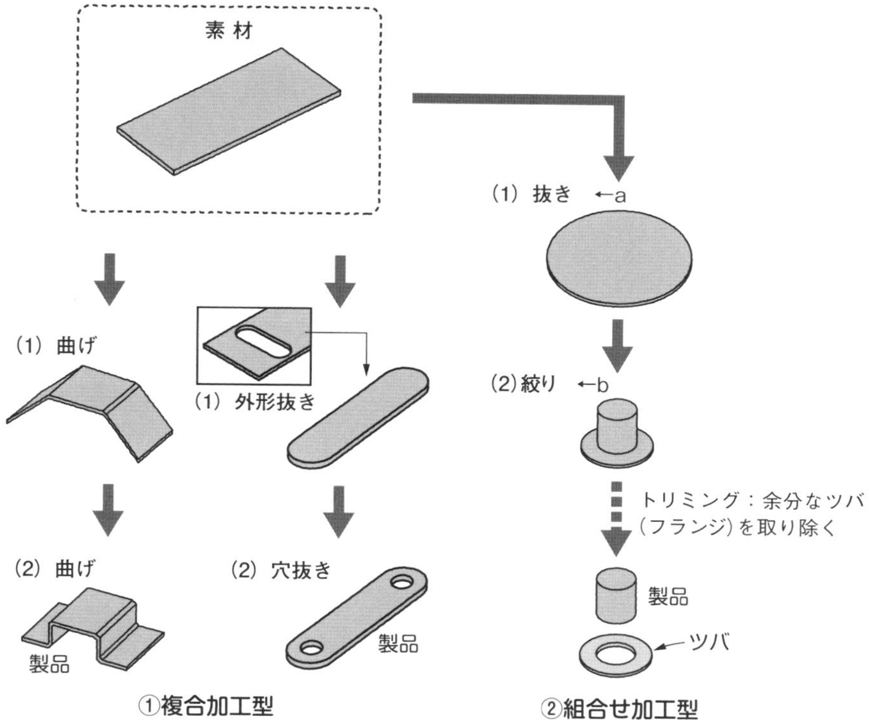

図 6-2-2　総抜き型の例

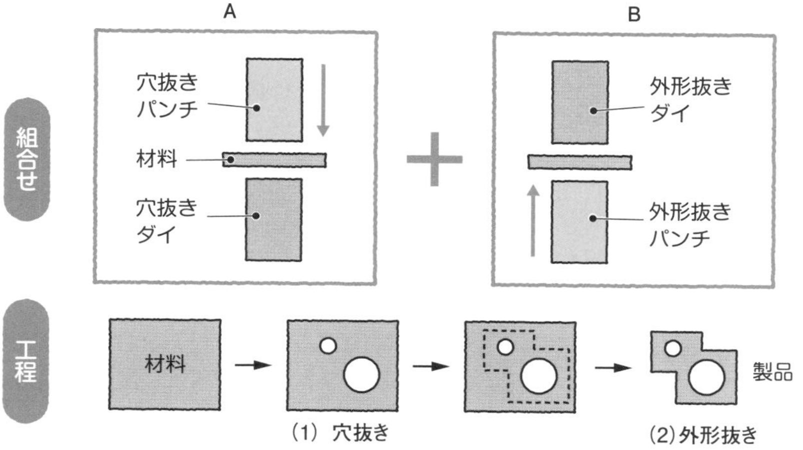

6-3 順送金型（1）抜き加工順送金型

ひとつの金型の中に多くの加工工程を並べた構造をもち、素材（ブランク）を工程順に横方向に送りながら次々と加工していくのが**順送金型**です。その中には、ブランクを加工するのに必要なものがすべて組み込まれています。

●生産性などを格段に向上させる順送金型

順送金型にはいくつか種類がありますが、まず打抜き加工の順送金型について説明します。これは、ブランクが水平方向に移動する際に、せん断加工だけでできる製品を加工順序に従って作っていく金型です。最初にブランクの一部分に抜き加工を施し、次いで工程レイアウト（工程ごとに加工内容を決めたもの）どおりにそれぞれ抜き加工を行い、決められた工程を終えると製品が完成する—というものです。

順送金型には多くの加工工程が組み込まれています。したがって、単発金型のように、1工程で製品が完成するということはありません。ブランクは半製品の状態で次の工程に送られ、送られていくごとに完成品の形状に近づいていき、最終工程で製品になります。ですので、ブランクは最終工程までつながっている必要があります。

順送金型を用いた加工では、**コイル材**を使用して連続加工しています。ブランクを抜いたコイル材には**キャリア**と呼ばれるつなぎ部分があり、最終工程までつながっています（図6–3–1）。ブランクは決められた距離で送られないと正確な加工ができません。その送り距離を**送りピッチ**といいます。送る際に誤差が生じないように正確な位置決めを行う部品が**パイロット**です。

順送金型では、ブランクの位置決めを正確に行う必要があることなどから、金型製作に費やす時間を多く必要とし、また金型には高い精度が求められます。その反面、全加工工程をひとつの金型にまとめることができるので、生産性は格段に向上します。工程間の移動によるロスがなく、プレス工程間の仕掛品もなく自動で生産できるので、単発型と比較すると、安全性が向上し金型の段取りを減らすことができます（表6–3–1）。

図 6-3-1　順送加工の基本と名称

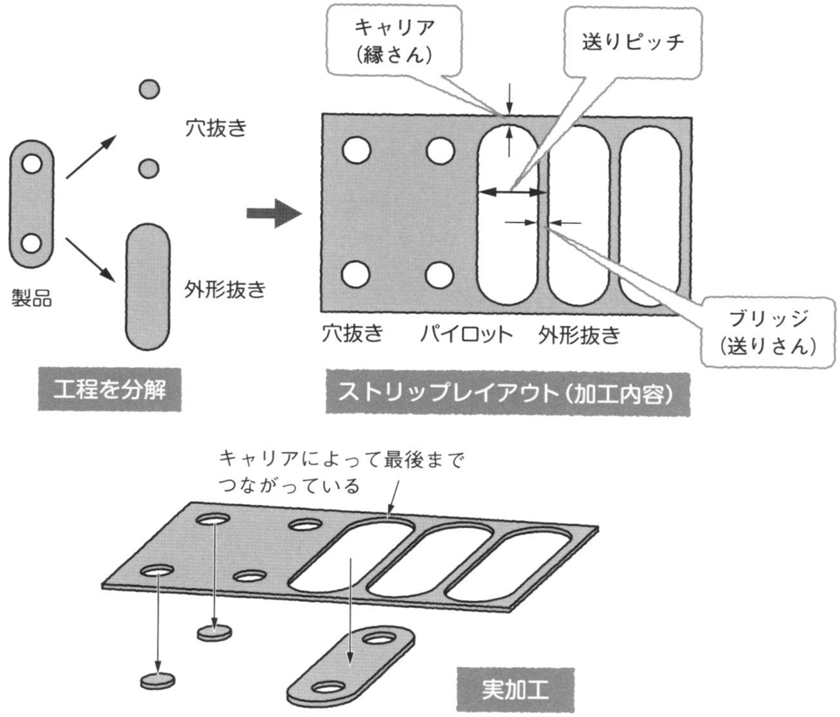

表 6-3-1　単発金型と順送金型の比較

項目	単発金型	順送金型
加工方法	人の手で材料のセットなどを行う	自動で行う
生産性	低い	高い
金型交換の時間、回数	金型の数だけ必要	1 回で済む
工程間の半製品の移動	工程間で移動手段が必要	キャリアで行い、自動
スクラップの形、量	かさばる	分断するとかさばらない
金型メンテナンスの時間	短い	長い
金型保管スペースの広さ	プレート単位	ダイセットなど、プレート単位
金型製作に関わる時間	短い	ブランクの工程分増える
金型にかかるコスト	抑えられる	高い

6-4 順送金型（2）抜き加工＋曲げ加工順送金型

曲げ加工では前工程で必ず抜き加工を行います。曲げ加工を行うのに先立って、まずコイル材から板材をせん断します。この板材は製品形状を平板な状態（展開図といいます）にしたものです（図6-4-1）。せん断工程では、工程レイアウトに従って製品の外周形状を打ち抜きます。これら外形抜きや穴抜きをする際、通常一度にせず数回に分けて加工する「アウトカット」で行うのが一般的です。曲げ加工も同様に数回に分けて行われます（図6-4-2）。

●曲げ加工で起きる問題

製品の要求などにより、加工手順が変わり金型構造が変化することがあります。その際、注意すべきことは、

①せん断されたバリ方向と曲げ方向

②圧延方向と曲げ方向

③つなぎ部に発生する「マッチング」

の3つについてです。

バリ方向は材料の種類により異なりますが、バリ側を曲げの外側にすると曲げ線の端部に**クラック**が生じることがあります〈➡ p.112〉。そのため、曲げる方向を上曲げにするか、下曲げにするか選択が必要とされる場合があります。また、**圧延方向**に平行な曲げ線での曲げ加工では、これも材料の種類により異なりますが、曲げ線に割れが生じることがあります（図6-4-3）。

キャリアや製品の外周抜きを工程ごとに行うと、つなぎ部ができます。これは2つのパンチ（2工程のせん断）が交差して作られる形状部分のことで、一般的には**マッチング**といいます（図6-4-2）。マッチングができると、バリや段差ができる原因になることもあります。マッチングは順送金型を用いた加工では避けられないため、製品を設計する際、バリや曲げ方向、マッチングなどについて考慮して、そのことを金型設計者に伝えると打ち合わせがスムーズに行えます。また、歩留まりなどの経済性を配慮して工程レイアウトを考えることも重要とされています。

図 6-4-1　製品と展開図

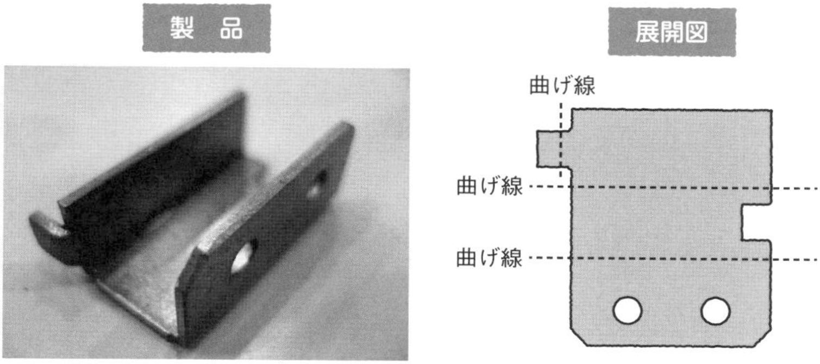

図 6-4-2　加工工程の例

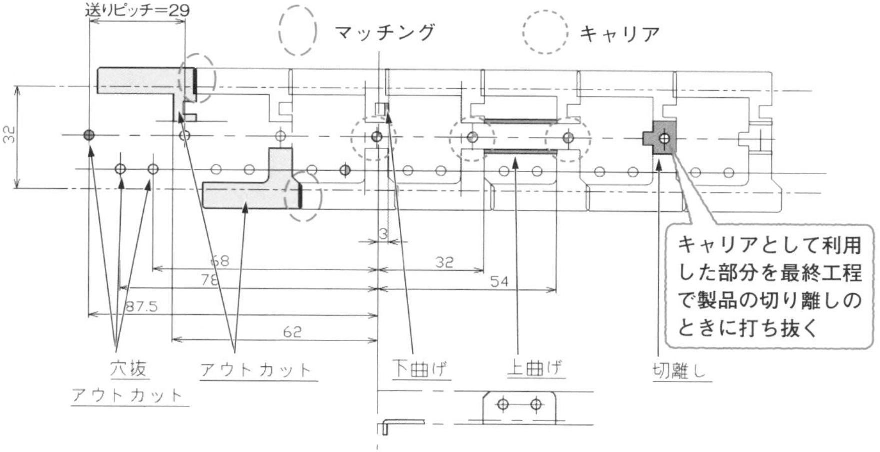

図 6-4-3　上曲げと下曲げ

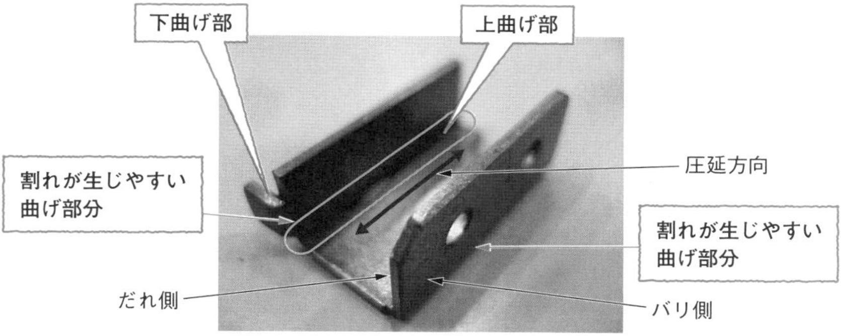

6-5 順送金型（3）絞り加工順送金型

絞り加工では外縁側の投影面積が減少し、その一方、高さは増加するなど、加工過程で2次元から3次元へと形状に大きな変化が生じます。その際、順送金型にとっては重要な要因である送りピッチ〈➡ p.146〉が変わることがあるため、加工をスムーズにこなすのが難しくなる場合があります。このこともあり、絞り加工を含む順送金型は設計が難しい部類に入ります。

絞り加工順送金型による加工は、**ブランク**を作る抜き工程から始まり、続いて絞り加工を経て最後に製品を取り出す（キャリアから分断する）という工程で構成されています（図6-5-1）。順送金型では加工場所（ステージ）が等間隔で横に並んでいます。このステージとステージの間が**送りピッチ**です。所定の金型位置でスムーズな加工を行うためには、ブランクをこの送りピッチの長さ分、正確に移動させる必要があります。ただブランクが移動する際、誤差が生じることがあります。通常、**パイロットピン**が位置決めに効果を発揮していますが、絞り工程ではその効果が期待できないことから、位置ずれを吸収する方法として、「アワーグラス（hourglass）方式」や「ランスリット（Lance slit）方式」などが採用されています（図6-5-2）。

●アワーグラス方式とランスリット方式

アワーグラス方式は絞り加工順送金型の基本形で、抜き形状が砂時計の形に似ていることから、こう命名されました。**ランスリット方式**は、アワーグラス方式の欠点を解消する手法で、ランスリットとは絞り加工によるブランクの輪郭収縮を吸収し材料幅の変化を防ぐために、材料幅の外側と絞り加工の内側をつなぐ部分にブリッジを設ける切り込みです。一般に利用されるのは、歩留りや絞り加工のずれをより吸収できるダブルランスリット方式です。

また、絞り工程を複数回行う必要がある場合は、金型が材料に接触するタイミングや下死点〈➡ p.48〉でのパンチ位置が異なるために工程間で加工品が傾くことがあります。その対策として、工程間にアイドルステージ（加工を行わない工程）を設けることで変化を緩和することも行われています。

図 6-5-1　絞り加工順送金型による加工の流れ

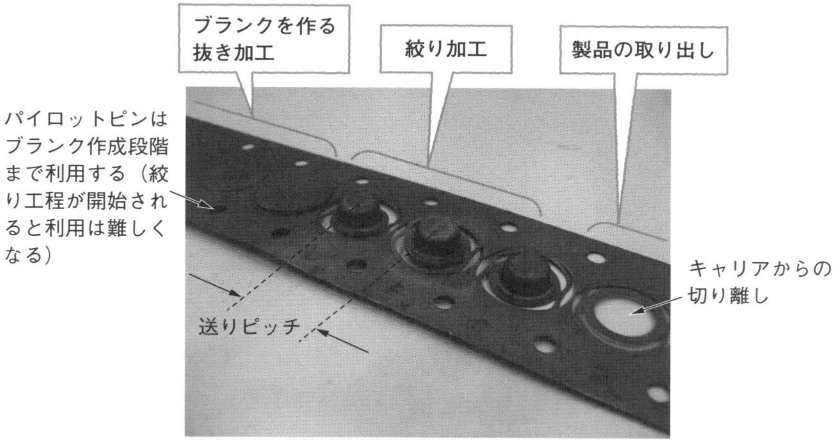

図 6-5-2　アワーグラス方式とランスリット方式

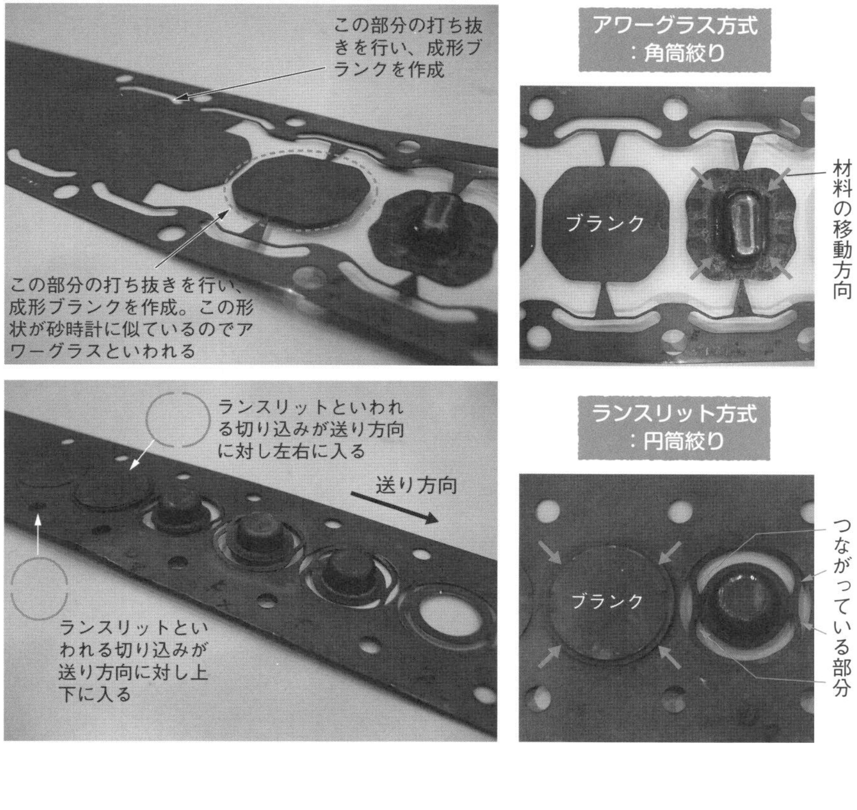

6-6 トランスファ金型

トランスファ加工は、順番に並んだ単工程型を材料が通過することで、複数の工程を自動的に行える加工法です。

「transfer press（運ぶプレス）」からイメージできるように、ブランクは、板材から加工途中の半製品を経て完成品に至るまで、切り離されていてつながっていません。ブランクは、**フィンガ**と**トランスファバー**で構成された搬送機構により、トランスファ金型間を水平方向に移動します（図6–6–1）。この金型はトランスファ加工用に工夫が施されたものです。

トランスファ加工では、工程ごとに加工に必要な数のトランスファ金型をプレス機械に等間隔に配置し、加工品はロボットの手のようなフィンガ（グリッパともいわれる）でつかまれ、次工程に送られます。

●トランスファ加工の動作と長所

トランスファ加工の動きについて、もう少し詳しく説明します。ブランクはまず第1工程のトランスファ金型にフィンガで運ばれます。その後、次工程を行う金型からさらにその次の工程を行う金型へと、フィンガをつけたトランファバーで自動送りされます。

製品を搬送する基本的な方法は「つかむ」「載せる」「釣り上げる」で、加工の際にはフィンガは邪魔になるので、加工エリアから離れるようになっています。プレス機械のスライドが上部にある時間帯に、製品はフィンガとトランファバーによる搬送機構により、つかむ→進む→離れる→戻るという一連の工程を経て移動します。高さ方向にも移動する3次元トランスファも行われています（図6–6–2）。

トランスファ加工の長所を下記にあげます。

・順送加工では難しい**円筒絞り**の淵部の**カーリング**や横穴をあけるような加工に向いています。

・基本的には、単発金型を並べ金型間に加工された製品を搬送するための装置（トランファーバーやフィンガ）を内蔵した構造なので、メンテナンス性は比較的良好です。

・形状が複雑な加工品でも、搬送が可能ならば加工システムを構築する際の制限は比較的少なくてすみます。

図 6-6-1　トランスファ加工の概要

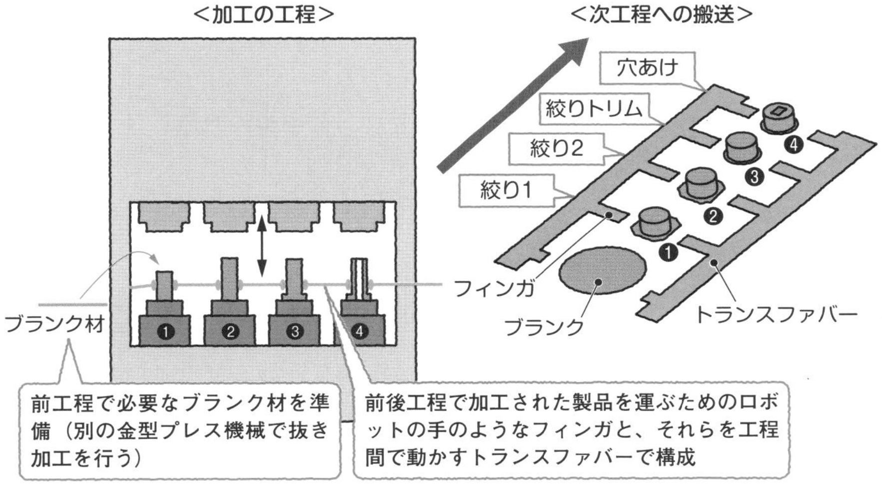

図 6-6-2　フィンガとトランスファバーの動き

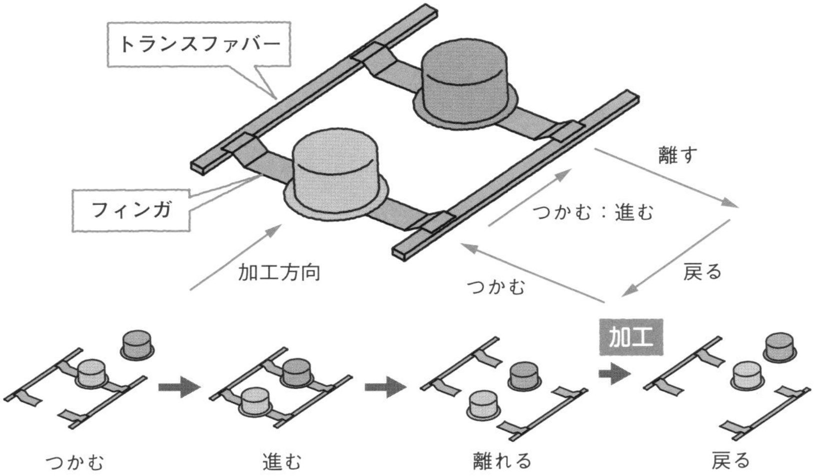

6-7 メカニズムを利用した金型

駆動力を金型の上下運動に用いている関係で、プレス加工では被加工材の上面および下面方向から加工しています。ただ製品によっては横方向からの加工が求められることもあります。その場合、材料の向きを変え、横面を垂直方向にして加工することが考えられます。ただ実際に加工するとなると、工程の増加やスクラップの処理、金型の強度、金型製作の難しさなど、クリアしなければならない課題が生じて、実現は困難な場合が多いです。そのため、上下運動のエネルギーを左右方向へ変換する機構が開発されています。以下に、主要なものを紹介します。

●カム機構

プレス加工で使われる最も基本的な**カム機構**は、**カムドライバ**と**カムスライド**（パンチ）で成り立っています（図6-7-1）。カムドライバとカムスライドが接触する面は斜面で構成されています。これにより、プレス機械の動きに連動して上下運動するカムドライバから伝わった力は、運動の方向を変えてカムスライドを水平方向に動かします。図6-7-1では、カムドライバとカムスライドの接触面の角度は45度ですので、力は直角方向に変換され、カムドライバが下降すると、接触しているカムスライドを水平方向に押す出すようにして移動させます。このときのカムスライドの移動量はカムドライバと同じです。接触面の角度を変えることで、移動量も変えられます。接触面積を増やせば、より大きな力を伝えられるようになりますが、その分カム機構も大きくなります。

この機構では、カムスライドを戻す方法として、スプリングが多く利用されていますが、機械的な機構を用いたものもあります。この機構は穴あけだけでなく、曲げ加工などでも利用されています（図6-7-2）。

●歯車機構

歯車とは、伝動車の周囲に歯形を設けて確実な動力伝達を可能にした機械

図 6-7-1　製品に横穴をあける

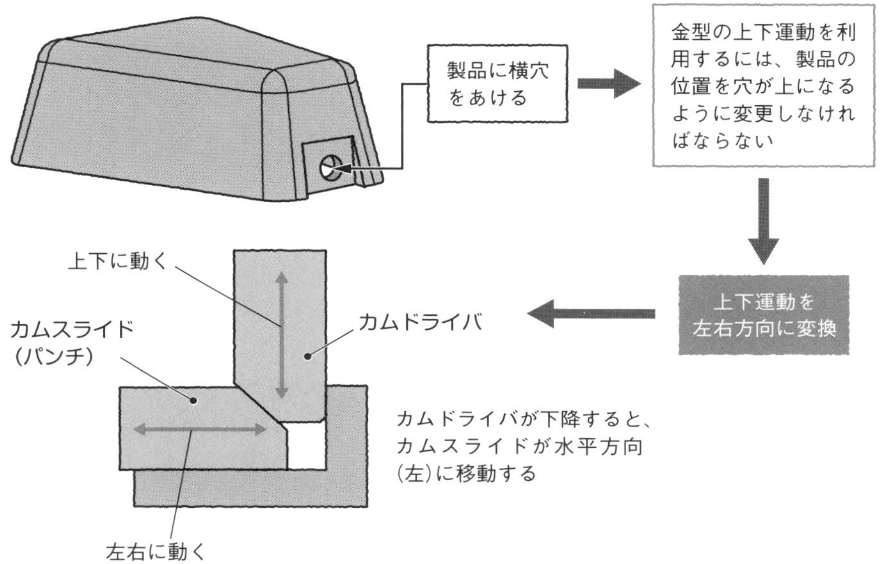

図 6-7-2　製品を横に曲げる

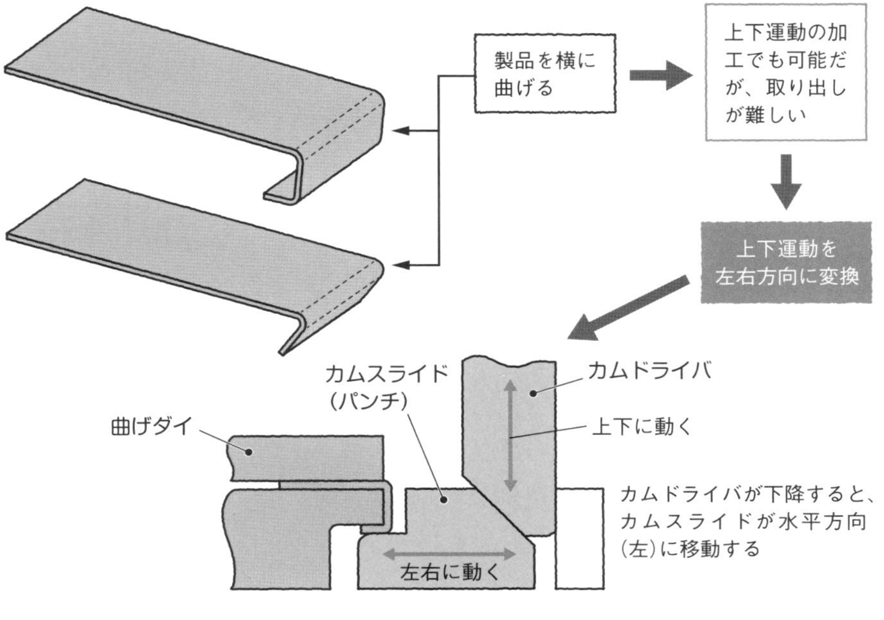

要素で、ギアと表記されることもあります。減速や増速、回転軸の向きや回転方向を変換するものです。歯車の一種に、**ラック・アンド・ピニオン**という回転力を直線の動きに変換する機構があります。ピニオンと呼ばれる小口径の円形歯車と、平板状の棒に歯切りをした（歯がつけられた）ラックを組み合わせたもので、ピニオンに回転力を加えると、ラックの「歯すじ」が設定された末端まで水平方向に動きます（図 6-7-3）。日本ではラック・ピニオンと略されることもあります。

身近で代表的な例としては、自動車の操舵装置としてのラック・アンド・ピニオンがあげられます。ステアリングシャフトの先端にピニオンギヤを取り付け、両輪（左右の前輪）を支持するシャフトに刻まれたラックとかみあわせてタイヤの向きを変えます。ピニオンを２回利用すると、直線から回転への変換を「直線→回転→直線」と回転から直線の動きに再変換できます。

当然のことながら、実際の加工に用いる場合、これらの機構は大きな力に耐えられなければなりません。ですから、あらゆる用途に使えるわけではありませんが、強度計算などを十分に行うことで、簡単な曲げや金型内の組み立てなどに利用することは可能です。

●リンク機構

リンクとはリンケージともいわれます。これらは「節」とも呼ばれる変形しないもので、ジョイントもしくは関節と呼ばれる可動部分により接続され、ひとつ以上の閉路を構成するものです。プレス機械の**クランク機構**（図 6-7-4）を実現しているのも**リンク機構**のひとつです。図6-7-5のような３つのリンクをひとつの関節でジョイントしたリンク機構は、上下運動を左右同時の水平運動に変換します。

垂直なリンクをパンチが押すと、山形になっていた２つのリンクは左右に広がって水平になりスライドを押します。スライドに曲げパンチや穴あけパンチを装着すれば、曲げ加工や穴あけ加工ができます。

被加工材を金型内に送り込む部品として、ストックガイドがあります。金型内にスムーズに送り込む役割を担っていますが、この送りをさらによくするためにリンク機構を用いたものもあります。通常は、板式やピン式が使われています。

図 6-7-3　歯車機構（ラック・アンド・ピニオン）

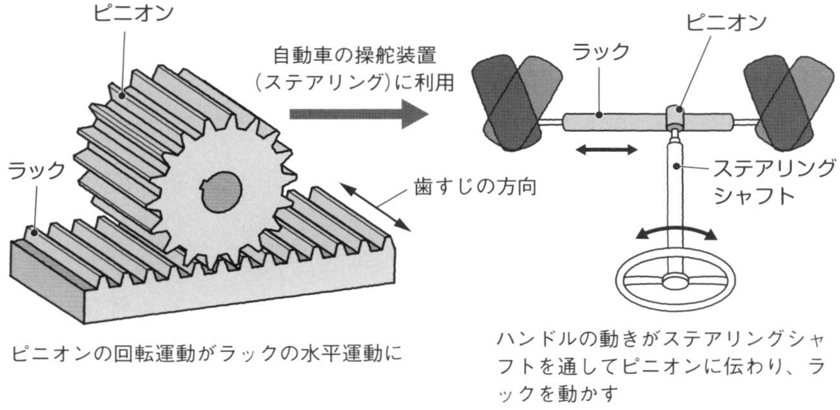

図 6-7-4　代表的なクランク機構

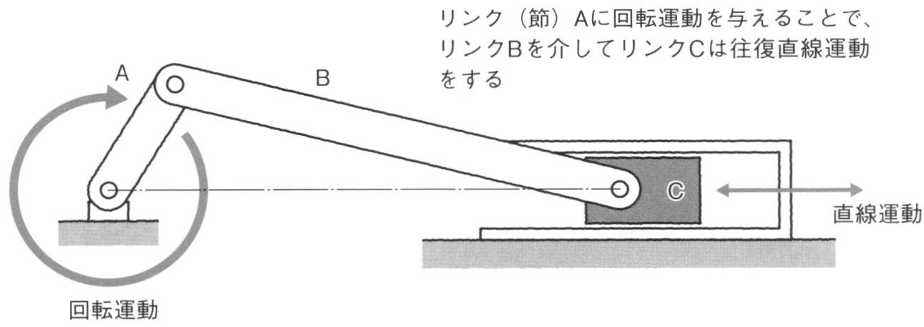

図 6-7-5　リンク機構を利用した運動方向の転換

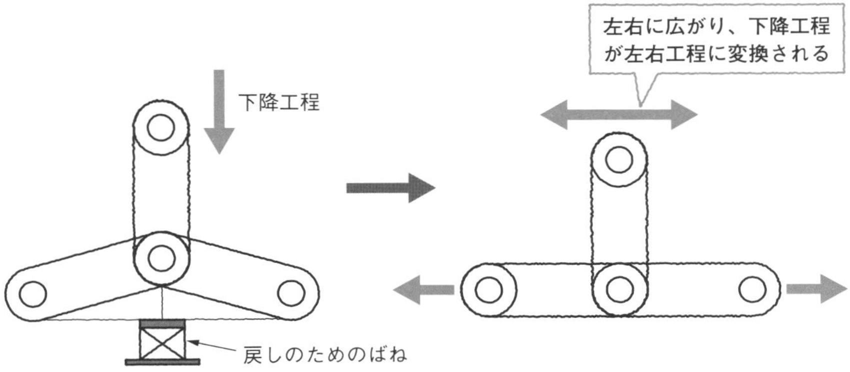

6-8 自動化を可能にするための周辺機器

プレス加工を自動化するには、被加工材の供給から加工、製品の取り出し、スクラップ処理などの工程を、人手を用いずに機器などに置き換えなくてはなりません。材料供給の方法は、被加工材を加工する1次加工と、打ち抜いた被加工材を半加工製品に再加工する2次加工では異なります。1次加工では、金型内に供給する形状や寸法などによって短尺材、コイル材など、材料を使い分けています。

●供給装置（数字は図6-8-1に対応）

コイル材の供給装置は、コイル材を保持し巻きほぐす役割を担っており、被加工材の形状によって、

❶リールスタンド（幅が狭く軽量なコイル材に使用）

❷アンコイラ（幅が広く大形で重量のあるコイル材を、内径を保持して外周から巻き戻して供給する）

❸クレードル（コイル材の内径を支えなくても形状が変形しない程度の重量の場合に使用）

の3つの機器が使い分けられています。

供給装置で巻きほぐされたコイル材には、ひずみや巻きぐせが残っています。これらを取り除く矯正装置が**レベラー**（❹）です。上下交互に配置された5本以上のロールで材料を矯正します。材料の不具合が十分に除去されないと、プレス加工時の送り精度や金型寿命、製品精度に悪影響を及ぼします。

●送り装置（図6-8-1）

送り装置は、金型内に被加工材を送り込む役割を担っています。プレス機械とアンコイラなどの供給装置の間に設置され、金型内にコイル材などを所定の長さにして送ります。精度よくプレス加工するためには、加工位置の高さ方向および水平方向にずれが少なくなるよう位置決めする必要があります。この機能をもつ送り装置の代表がロールフィーダとグリッパフィーダです。

ロールフィーダは上下のロール間に材料を通し、ロールの回転により金型内に材料を供給します。コイル材からブランクや順送加工での製品をプレス

図 6-8-1　プレス加工に必要な機器

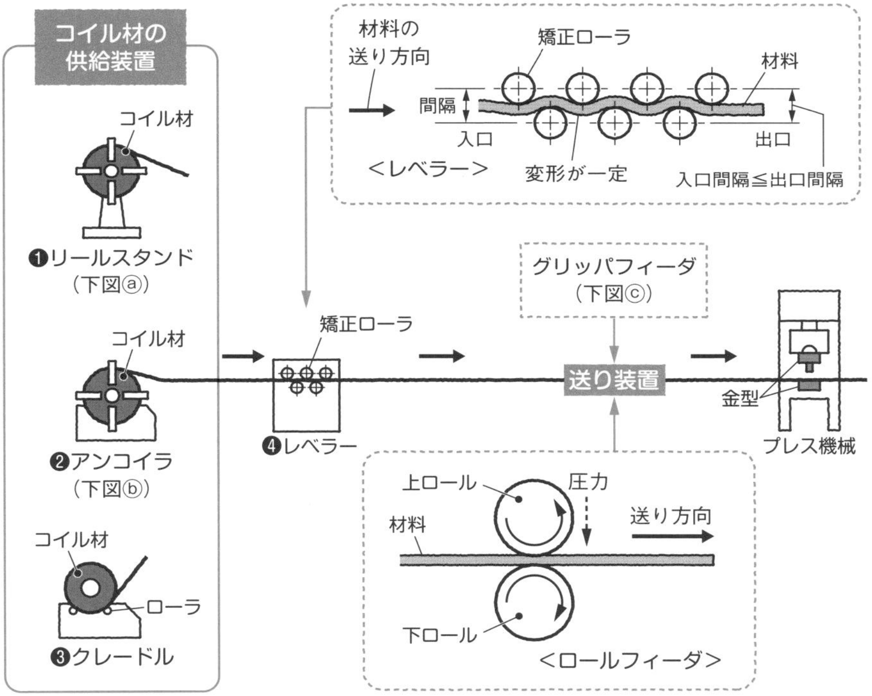

ⓐリールスタンド

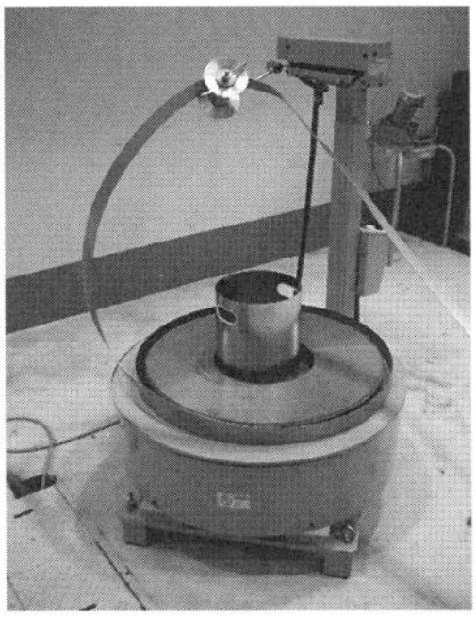

ⓑ横型アンコイラ

ⓒグリッパフィーダ

加工する場合に使用します。**ロールフィーダ**は上下２本のロールで構成されているところが、５本以上のロールを用いたレベラーとの違いです。

材料供給は、主動回転する下側のローラと材料との摩擦により、前方に一定量が送り込まれます。摩擦力を増加させるために、上側のローラにより圧力が加えられています。圧力はスプリングや空気圧で発生させます。

作動構造の方式には、プレス機械のスライド上下運動（クランク回転）から機械的にロールの回転するタイミングをとる方法と、スライド位置のデジタル信号でロールが回転する単独駆動型があります。現在では、単独駆動型が主流を占めています。

グリッパフィーダは材料をつかんで送る装置で、カムやレバーなどの機械的な機構や空気圧で作動するクランプで材料をつかんでいます（図 6-8-2）。一方が固定され、もう一方が送りピッチ分可動します。空気圧シリンダで前進後退する場合、シリンダのストロークが最大送り量となります。空気圧シリンダのストロークは通常は固定されているため、送り量を可変するには、中間にブロックをはさんだり、ネジで調節したりします。移動速度が高速になるに従い減速時の加速度は増大して、材料の慣性モーメントが大きくなるため、送り誤差やミスが発生する原因となります。

●送り装置と金型のパイロットピンの関係

順送金型を用いたプレス加工では、被加工材の送り精度が製品精度に関わることが多いため、送り精度を向上させる手段のひとつとして、金型の中に材料を送り込む役割をもつ**パイロットピン**などの位置決め部品を組み込むことがあります。パイロットピンが利用する穴（パイロット穴）の間隔が送り長さとなります。送り長さがばらつくと、そのまま製品精度の悪化につながりますから、グリッパフィーダやロールフィーダのクランプを外すタイミングの設定を適切に行わなければなりません（図 6-8-3）。これらにより、送り誤差は 0.01mm～0.02mm の範囲に収めることが可能になります。

送り装置のクランプを外すタイミングは、最下端（下死点〈➡ p.48〉）の手前で、パイロットピン先端が材料の中に滑りこんでいる間です。最下端では、加工も位置決めもすでに完了しています。ですから、設計段階でのパイロットピンの形状や自動化のタイミングはとても重要な要素です。

図 6-8-2　グリッパフィーダの作動

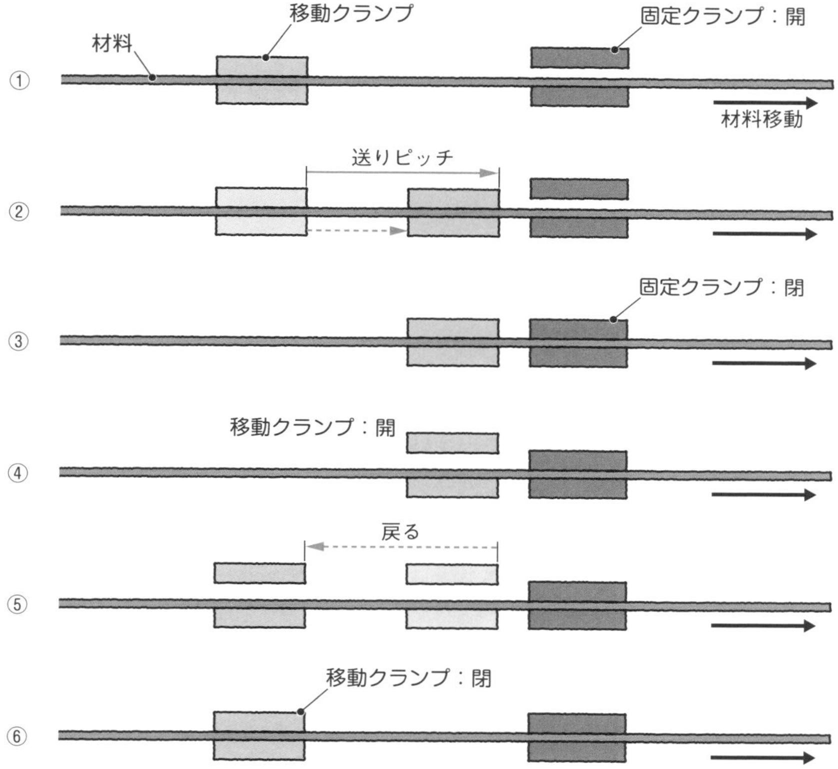

①固定クランプが開く（移動クランプ＝閉）、②移動クランプが送りピッチ分動き、材料を送る、③固定クランプが閉じる、④移動クランプが開く、⑤移動クランプが元の位置に戻る、⑥移動クランプが閉じて材料をつかむ→①へ戻る

図 6-8-3　パイロットピンの位置

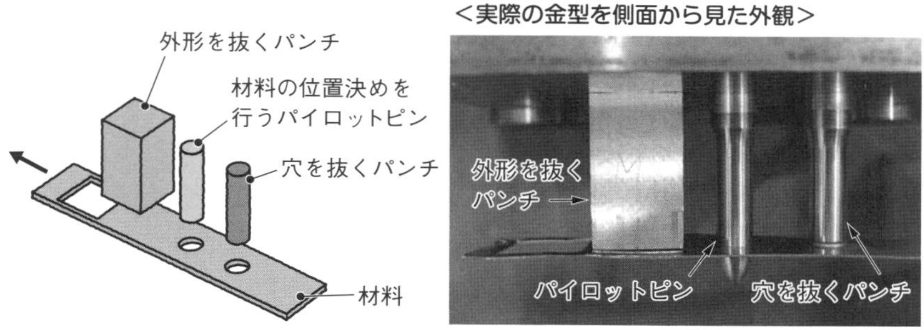

プレス加工（見えない加工２階建て）

人間は、生きるために必要なことは、本来自らの知恵と力によって行ってきました。つまり、技術の世界と生活の世界を意識して区別することなく、同じ土俵での出来事として対応してきました。

たとえば、肉を数人で分け合うとき、手でちぎっていては時間と労力がかかるため、必要な道具として石斧を考え出しました。そして、効率的かつ正確に切り分けるために改善を続けて、より使い勝手の良い道具を作ってきたのです。

しかしながら、技術の進歩とともに、「道具を作る人」と「道具を使う人」が分断され、本来人間がもっているはずの「作る能力」を使う機会が少なくなってきました。

それにより、道具を作るという技術の世界から離れ、便利な道具を使うだけの人が増えてきました。それと同時に「技術は難しいものだ」と思い込み、もともと同じレベルに位置していた「技術の世界」を、日々の「生活の世界」より一段高い位置に押し上げてしまったのです。

実際、技術は原理・原則が緻密に積み上げられて成立しているために、それを理解するための大きな壁（ギャップ）が存在しているのも事実ではあるのですが……。

●「現象（技術）の翻訳」とは

しかしながら、原始の時代からの人々の営みを考えるならば、どんなに高度な技術でも「毎日の生活の世界」と土台は同じだということを忘れてはいけないでしょう。

難しいといわれている技術を理解するための道筋（緻密に作り上げられた技術の翻訳）を日常生活レベルの現象として見直すことで、技術の世界を身近に感じることができるのではないでしょうか。

そのためには、まさしく、「現象（技術）の翻訳」が必要と考えます。これは、言葉を変えれば「技術を自らの頭でイメージして自らの言葉で説明する」ということですが、これによって新たな発想や改善を生みだすことが可能になるのだと思います。

第7章

プレス作業を考える

プレス加工によって順調に生産が行われている状態は、
非常に「単純な動き」に見えます。この状況を支えているのは生産現場の
技能者ですが、原理・原則に基づいたプレス加工の段取りが行われなければ、
同じ金型・プレス機械・材料であっても、生産される製品が
良品から不良品になってしまうことがあります。
同様に、安全作業の原理・原則を十分理解して実践することで、
「安全なプレス作業」を実現することが可能になります。
この章では、プレス作業の安全について考えていきます。

7-1 プレス作業の基本手順

プレス作業を始めるに先立って、まず加工する製品や作業内容、手順などを十分に理解し、頭の中で注意事項や考慮する点などを整理します。これを段取りといいます。また正しい作業をするために、作業標準書やチェックリストなどを読んでおく必要があります。製品については品質や検査方法、生産数量、生産に要する時間、被加工材の使用量を確認します。使用するプレス機械およびその他の設備の能力、仕様、取り扱い方法なども確認します。それに合わせて作業開始から終了まで、どのような作業をどのような順序で行うかを整理します。それらをすべて終えてから、プレス機械に金型を取り付けることになります。

●金型を取り付けるための作業標準

金型を取り付ける際には、以下のポイントを中心に作業標準の内容を確認します。

・金型の動きとプレス機械の整合性（安全を確保する手段を含む）
・**ダイハイト**（スライドを下死点にして、スライド調整量を上限にした状態でのスライド下面とボルスタ上面までの距離〈➡ p.62〉）と金型高さ
・ボルスタとスライド下面面積と金型のサイズ

　原則は、金型寸法はボルスタの前後・左右各辺寸法の2/3以内、上型はスライド下面の面積以内であることが必要。これらの数値は、安全距離の計算およびプレス機械の設計指針から導き出されたもの。

・絞り加工におけるダイクッション機能
・プレス機械の3能力（公称能力・仕事能力・トルク能力）との関係〈➡ p.52〉
・被加工材の搬入と製品搬出方法

プレス加工現場では、これらを総合的に考慮して加工をより効率的、かつ安全に行うための金型取り付け手順などを考える必要があります。実際の作業では、金型を点検した後に取り付けを行います。

プレス金型の一般的な取り付け手順は表7-1-1のようになります。

表 7-1-1　金型の取り付け手順、チェック事項

手順	注意点、チェック事項
(1) ボルスタ、スライド面をチェックする	・両面の清掃をする ・凸部があれば除去する（オイルストーン：油砥石で）
(2) 平行台の位置決めをする	・平行台の厚さを同一にする ・平行台にキズなどがないか確認する
(3) 金型を平行台にのせる	・製品（抜きかす）落とし穴と平行台の関係に注意する ・平行台が金型に十分かかっていること ・金型シャンクとシャンク穴のおよその位置合わせをする
(4) スライドを下降させる	・プレス機械のダイハイトは金型ダイハイト以上にしておく ・スライドの下降は手回しまたは寸動 ・スライドはシャンク上 1mm 程度で止め、金型の平行出しをする ・スライドを上型面に当たるまで降ろす（下死点まで下げない）
(5) 下型を固定する	・下型をクランプなどでボルスタに固定する
(6) 上型を固定する	・上型をシャンク押さえなどで固定する
(7) 下死点を調整する	・プレス機械のダイハイトが金型ダイハイト以上であることを確認のうえ、スライドを下死点まで下げる ・スライド調節ネジを回して金型ダイハイトよりわずか上にセットする
(8) 付属品を取り付ける	・ストックガイド、シュートなどを取り付ける

7-2 プレス作業と安全

●安全を確保する手段

プレス作業では、安全を確保するシステムの全体像を理解して安全作業を行うことが重要です。これまで、作業者の身体の一部を欠損する事故や死亡事故を起こしているからです。作業者の身体が、たとえ一部でも危険な領域に絶対に入らない状況を構築し、それをシステム化すれば、安全装置は必要ではなくなります。

しかし、実際のプレス作業では、金型をプレス機械に取り付けたり、金型交換の段取りや良品を作りだすための金型の修正、調整、トライをしたりするために、危険領域に入らざるを得ません。このような状況下で、安全を確保する方法としては、以下のものがあります（図7-2-1）。

①ノーハンド・イン・ダイ（NO HAND IN DIE）

プレス作業で最も危険と目されているプレス機械に取り付けられた金型が上下する範囲に身体の一部（ここでは手とする）が入らない状態、または入れる必要がない状態をいいます。

②ハンド・イン・ダイ（HAND IN DIE）

危険領域である金型内に手が入っている場合、プレス機械がより安全を確保する状態やプレス機械が停止または動かない状態をいいます（図7-2-2）。

具体的には、ノーハンド・イン・ダイは、身体の一部が入らないよう囲いや金型構造、手などを入れる必要がない専用プレス、材料供給・製品取り出し・金型の交換まで自動化されたプレス加工システムです。またハンド・イン・ダイは、これらを実現する方法としては、身体の一部が危険域に達したときには、すでに安全が確保されている状態を作り出す方法が考えられます。当然のことながら、可能な限りノーハンド・イン・ダイを指向することが望まれます。

安全の原則に基づいた「安全を確保するシステムづくり」が必要ですが、その全体像を、クルマを安全に運転するためのシステムと比較することによって理解することができます（表7-2-1）。

図 7-2-1　ノーハンド・イン・ダイとハンド・イン・ダイ

ノーハンド・イン・ダイ

- ◉安全金型を取り付けたプレス
- ◉安全囲いを取り付けたプレス
- ◉自動送給排出機構を備えたプレス
- ◉専用プレス

ハンド・イン・ダイ

- ◉両手操作式安全装置
- ◉光線式安全装置
- ◉インターロックガード式安全装置
- ◉PSDI式（制御機能付光線式安全装置）

図 7-2-2　ハンド・イン・ダイの安全装置例

表 7-2-1　クルマの安全運転のためのシステムとプレス加工の安全システムの比較

クルマの安全運転のために必要なシステム	プレス加工を安全に行うために必要なシステム
運転に適した姿勢・服装	安全作業指針に基づく生産
乗車する前の始業点検	作業開始前の日常点検
安全補助装置（シートベルト）の着用	安全装置の使用
五感を活かした運転状況の把握	五感を活かした生産状況の把握
定期点検による安全確保	定期点検による安全確保
車検制度による法令に基づく安全確保	特定自主検査※による法令に基づく安全確保

※労働安全衛生法に基づき、年に 1 度実施しなければならない検査。機械の故障、安全装置の不備などによる事故・災害を防止するため、厚生労働大臣が定めた検査指針により適正に実施することが求められる

7-3 作業者を守る安全装置

前項の図 7-2-1「**ハンド・イン・ダイ**」作業に利用される安全プレスとは、プレス機械が出荷される段階ですでに安全装置が組み込まれ、認定（厚生労働省の型式検定に合格し、「労検 No」と表示されている）を受けているプレス機です。装備される安全装置には、両手操作式および光線式、ガード式があります。これらは、ハンド・イン・ダイに則った安全装置です。

以下に、多くのプレス機械に採用されている両手操作式と光線式について解説します。

●両手操作式安全装置

両手で同時にボタン（両手起動ボタン）を押さないと起動せず、ボタンから手を離した際は身体の一部が危険領域に近づく前にスライドを停止させ、すでにスライドが上昇している場合は、上死点〈➡ p.48〉にて停止するように設定して、安全を確保するメカニズムです（図 7-3-1）。スライドが下降中に停止した場合は、寸動（インチングともいい、両手起動ボタンを押したときのみ駆動する）で再起動して上死点に移動させます。

両手起動ボタンから手を離して、身体の一部が危険領域に入る前にスライドを停止させるためには、安全距離が必要になります。ただ金型のサイズは多種多様なことから、安全距離は画一ではありません。そのため、プレス機械の形式によって、一定の基準を基にして安全距離が算出されます（図 7-3-2 ①）。

安全距離は、両手起動ボタンから手が離れた時点から急停止機構が作動してスライドが停止する時間と、手が危険位置まで移動する時間を算出し、後者のほうが時間を要する距離にします。

●光線式安全装置

スライドが下降中に定められた方向から危険域（金型に身体の一部、主に手が挟まれる）に身体の一部が進入すると光線式のセンサーが検知して、プレス機に停止命令を行うことで安全を確保する手法です。ここでも、安全距離が算出されています（図 7-3-2 ②)。

図 7-3-1　C 形フレーム機械プレスの安全装置の例

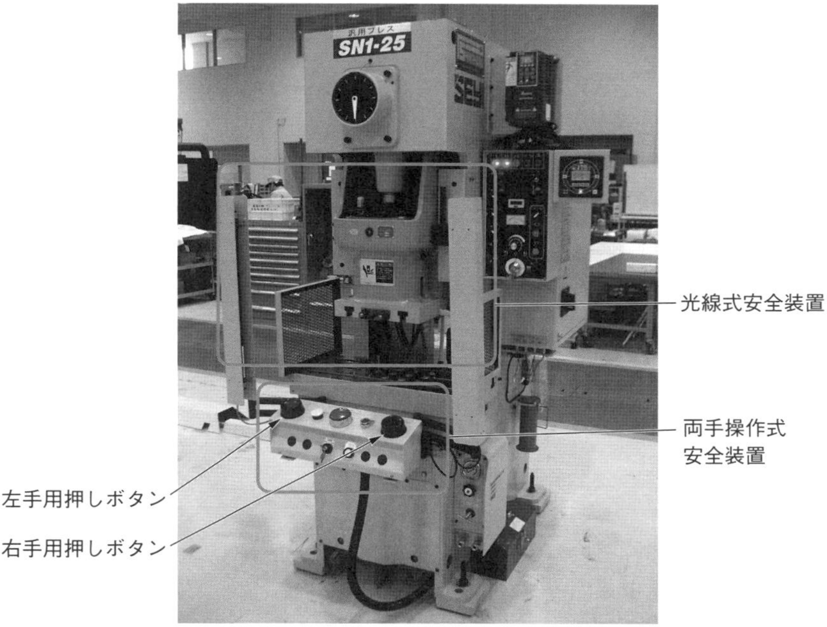

図 7-3-2　C 形フレーム機械プレスの場合の安全距離

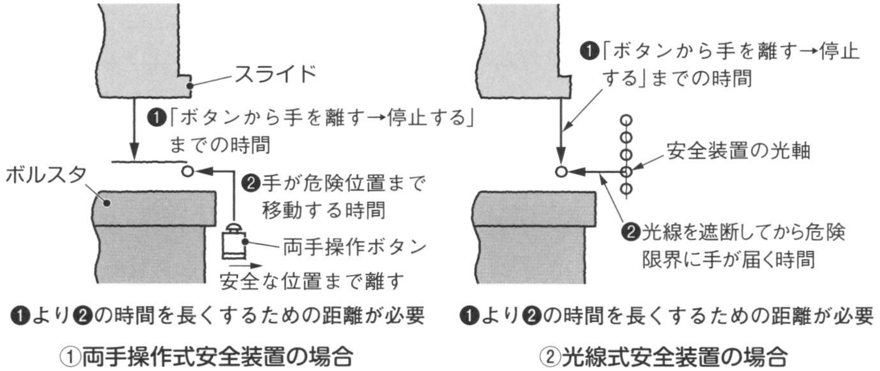

7-4 安全金型

プレス加工の作業時に生じる労働災害は、プレス機械の安全化やプレス作業者への教育・訓練などにより年々減少傾向が見られるものの、完全にはなくなっていません。表 7-4-1 に、労働災害がどのような状況下で発生しているかを示します。この表から、材料の送給・取り出し時の機械誤動作や、作業者の不用意な動作などが大きな要因となっていることがわかります。これらのことから、安全装置によって安全を確保する大切さが再認識できます。

作業者の不注意やプレス機械などの誤動作の際には、開閉する金型（上型と下型のすき間）に手指が挟まれるのを防止することが大きなポイントになります。作業者の手が金型の中（上下型の開口部や構造上のすき間）に入らない金型構造による**ノーハンド・イン・ダイ**〈➡ p.166〉でプレス作業を行うという基本的な考え方で、作業が行われることが望まれます。このような考え方を反映させた安全金型構造を見てみましょう。

●安全確保と経済性の二律背反

材料供給に必要な最低限の供給口以外を囲いで覆った金型構造（安全囲い）は、かなりの安全性を期待できる反面、材料がストリッパプレートの動きの不具合でパンチに付着したなどのトラブル発生時には、安全囲いを取り外さなければならず、作業性が悪くなります。また、その構造上、小型プレス機械向きで、大きなプレス機械での利用は難しくなります。ただし、大型プレス機械の場合でも危険度の高い部分に囲い（ガード）を付けることがあります。安全確保が困難な金型のすき間に作業者の指先が入る事故については、安全囲いを設置することで安全が確保できるようになります（図 7-4-1）。

これらに関しては、金型の安全基準の中で「プレス金型において上下型間のすき間を 6mm 以下にする」という指針があります。この指針を勘案して、金型構造を決めることが大切です。このとき、安全を担保する金型とは、単に形が重要なのではなく、プレス作業の形態やプレス加工を行う製品形状などを十分考慮して構築することがポイントになります（図 7-4-2）。

表 7-4-1　災害発生時の状況

状況	構成比（%）
材料の送給・取り出し中	41
送給した材料の位置の修正中	14
型取り付け・調整中	13
材料を保持中	10
型に付着した材料を取り出し中	6
抜きカスの除去中	6
その他	10

図 7-4-1　安全囲いの例

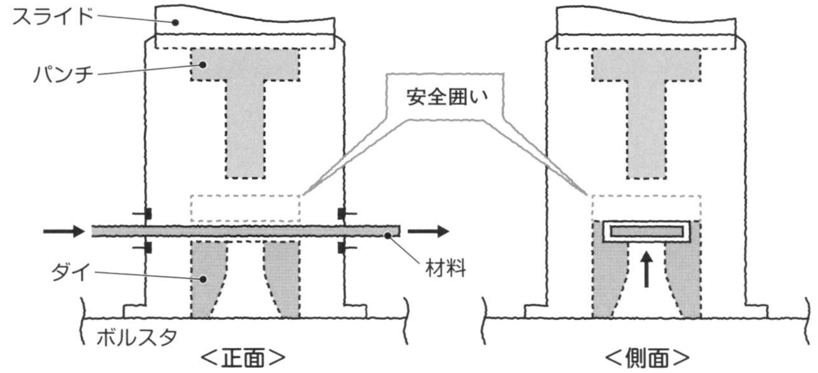

図 7-4-2　安全を確保するためのすき間

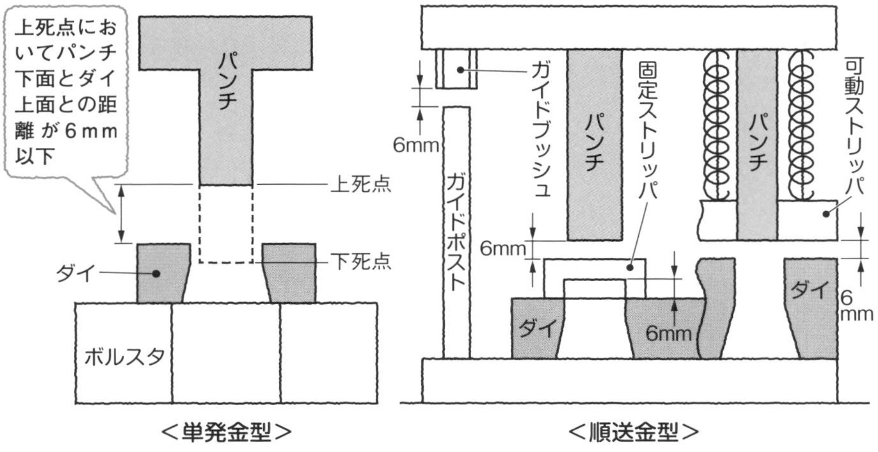

ハイブリッド金型？

生産効率やコストを考慮するならば、連続的に生産することが不可欠となります。その具体的な方法として「プレス加工」が行われています。

プレス加工によって作り上げられた製品は、いうまでもなく「抜き」と「曲げ」と「絞り」という加工法で構成されていますが、これらをどのように組み合わせるかがポイントとなります。

具体的な加工法としては、

・プレス機械のストロークの上死点から下死点に至る垂直運動プロセスの中で複数の加工をする方法→総抜き型・複合型

・プレス機械の最初のストロークで「抜き」・「曲げ」・「絞り」の内のひとつを行い、加工する製品を水平移動させてから次のストロークで「抜き」・「曲げ」・「絞り」の内のひとつの加工を行う、数行程を同一プレス機械（または別々のプレス機械）で行うことで製品を加工する方法→順送金型・トランスファ金型

などがありますが、これらの加工法は従来単独で行われています。

●新しい発想をするためのヒント

しかし、省エネ（低燃費）の観点からモーターとエンジンを有するハイブリッドカーがあるように、それぞれの加工の利点と欠点を補完することでメリットを生み出すことも考えられるはずです。

「1＋1＝2」ではない方向性を追求することが、新たな発想を導き出すことにつながるのだと思います。たとえば、以下のような考え方をすることは、これまでにないアイデアを思いつくためのヒントにならないでしょうか。

・＋（プラス）→加えたら、大きくしたら、一緒にしたら

・－（マイナス）→薄くしたら、狭くしたら、低くしたら

・×（かける）→混ぜたら、組み合わせたら

・÷（割る）→分けたら、離したら、境目をつけたら

・＝（イコール）→そろえたら、共用にしたら、（標準品）

・0（ゼロ）→なくしたら、外したら、（他の使い道はないか）

・＋/－（プラスマイナス：プラマイ）→反対にしたら、上下逆にしたら、順序を変えたら

第8章

プレス加工の応用技術

製品を生産する場合、必ずしもプレス加工が必要なわけではありません。
プレス加工はあくまで手段です。より効率的な生産方法を目指すならば、
生産技術や情報技術を含めた技術全体の中で、
1度プレス加工を客観的に見直すことが必要になります。
従来のプレス加工に固執せず、
新しい技術や境界領域を俯瞰的に見わたすことによって、新たな加工法
の中に「プレス加工」をより効果的に組み込むことができるのです。
この章では、プレス加工の応用技術をみていきます。

8-1 サーボプレス

サーボプレスは、サーボモーター（Servo motor）を駆動源としたプレス機械です。**サーボモーター**は、サーボ機構により位置や速度などを制御する回転位置検出器付きの電動機で、フィードバック制御が一般的です。

従来の**クランクプレス**機械は、**フライホイール**の回転運動で生み出したエネルギーを、クラッチを介して**クランク軸**に伝えています〈➡ p.46〉。これに対して、サーボプレスはスライドをサーボ—モーターによって駆動します（図 8–1–1）。

これにより、クランクプレス機械の大部分を占めていたフライホイールやクラッチを不要としました。そのほか、プレス加工に適したスライド速度の減速、増速などの制御を可能にしたのも大きな特徴です。つまり、従来機では困難だったスライドの速度変更や加工中のスライド停止をできるようにして、より複雑な加工を可能にしました。さらに成形プログラムをデジタルデータとして蓄積し、切削機のCNC（コンピュータ数値制御）プログラムのように、異なったプレス機械でも利用できる加工データとすることを可能にしています（図 8–1–2）。

●サーボプレスのメリットと将来性

サーボプレスの登場で、

・金型や被加工材に必要以上の衝撃を与えない

・被加工材の加工特性を考慮したスライド速度、スライド停止、スライド反転運動などを適切に配分した加工を行う

ことが考慮できるようになった結果、生産現場では多様な試行錯誤が行われています。スライド速度の調整の仕方により、不良率を減らすと同時に生産速度を高めて、歩留まりと生産性の向上が図れるようにしたばかりか、難加工材やレベルの高い加工が視野に入ったからです。

たとえば、スライドをストローク中に上下させたり、途中で停止させることで、しわや割れの発生を防止したり、難加工材の成形が可能になります。

従来機は同じ速度でしかスライドを動かせないことと比べると、大きな可能性を秘めています。

図 8-1-1　サーボプレス機構の一例

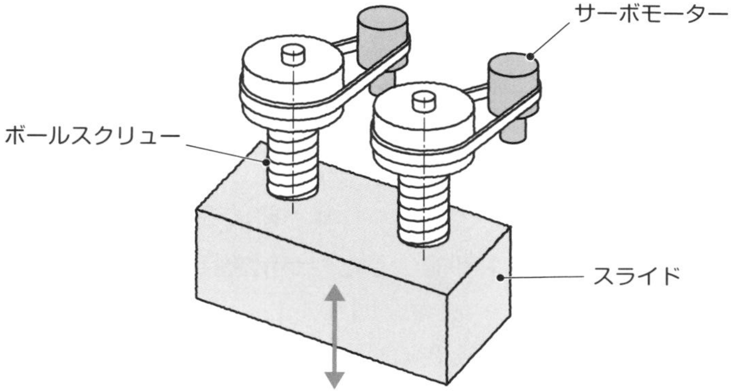

図 8-1-2　サーボプレスで実現可能なこと

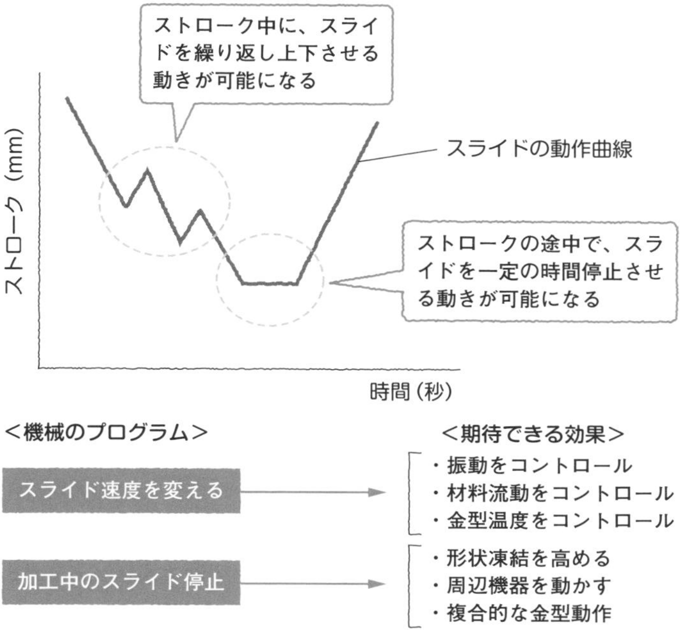

8-2 精密打ち抜き加工

抜き加工（普通せん断加工）では切り口面にだれ、せん断面、破断面、バリができ、切削加工のような垂直でなめらかな切り口面にはなりません〈➡ p.92〉。切断過程で材料内に割れが発生してしまうため、切り口面をきれいにできないからです。そのため、切り口面に平滑さなどを求める場合は、機械加工による後加工が必要となります。

この割れの発生を遅らせることで、材料の断面全体が平滑で優れた直角度をもつ高精度なせん断加工を可能にしたのが**精密打ち抜き加工**で、**ファインブランキング**（**FB**）ともいいます（図 8–2–1）。精密な（ファイン）打ち抜き加工（ブランキング）という意味です。

●静水圧効果を利用して加圧力を高める

抜き加工では、パンチとダイの間には適正な**クリアランス**（すき間）が必要ですが、ファインブランキングではこのすき間を極力小さくし、材料を強く押さえることで加工部分に圧縮応力が働くようにして、材料が割れるのを遅らせます。このためファインブランキングは、せん断圧力に加えて**静水圧効果**を活用して加圧力を高めています。静水圧効果とは「金属に圧力を加えると塑性変形能（塑性変形する力）が高まる」という作用のことです。

ファインブランキングでは静水圧を発生させるために、材料をV型の突起で固定する板押さえ圧力とせん断圧力に向かい合う逆圧力を利用しています。つまり、**板押さえ**と**逆押し**で材料を押さえ、パンチとダイの間のすき間を可能な限り小さく、またダイRに微小Rを付与して、せん断圧力に加えて静水圧も活用して加工を行っているのです（図 8–2–2）。

ファインブランキングの動きの特徴としては、主に

・板押さえで被加工材のズレ、そりを防止する

・下部より逆押しで被加工材のワークのズレ、変形を防止する

の2つがあげられます。これまで鍛造や焼結、切断と複数の加工工程を経て製品化していたのがファインブランキングだけで完結することから、自動車

部品をはじめ建設機械部品、精密機器部品、医療機器部品などの生産に幅広く利用されています。

図 8-2-1　抜き加工とファインブランキングの端面状態

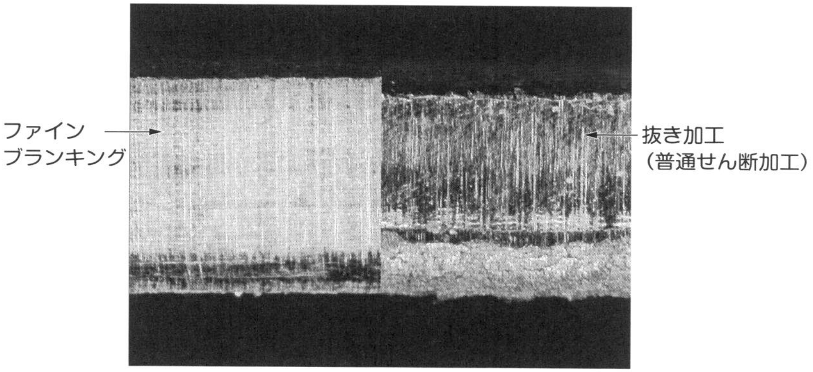

図 8-2-2　抜き加工とファインブランキングの違い

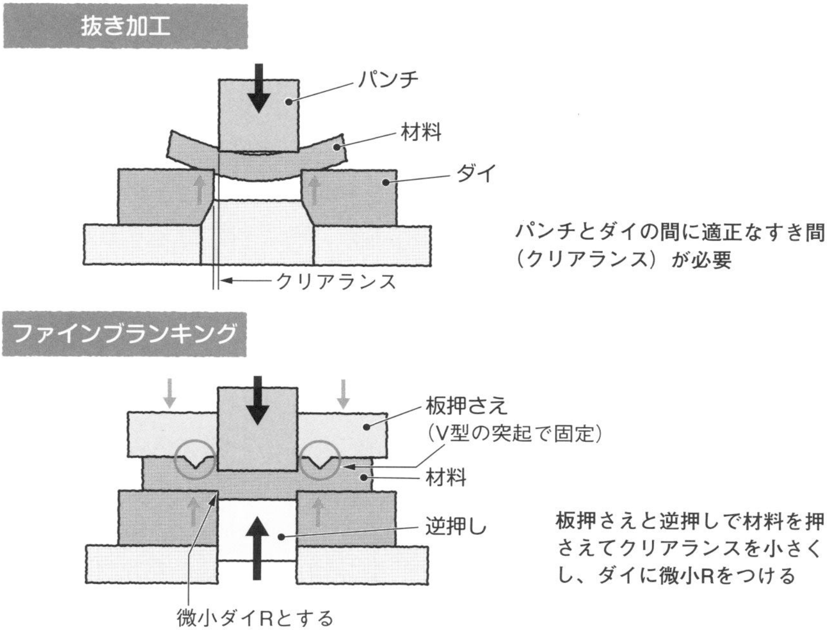

8-3 板鍛造

近年、部品の高精度化、高機能化、低価格化の要求がますます強まり、単一の加工法ではその要求に応えるのが困難なケースが増えています。そのため、複数の工法を組み合わせた新たな工法が考案されるようになっています。

そのひとつに**板鍛造**があります。板鍛造は、プレス加工と鍛造加工の双方の長所を取り入れた工法で、代表的な略語は**FCF工法**（Flow Control Forming in Sheet Metal）です。

●プレスと鍛造のいいとこ取り

プレス加工と**鍛造加工**は塑性加工の範疇《はんちゅう》に入り、いわば「兄弟関係」ですが、いくつか違う点があります。そのひとつが被加工材の形状です。プレス加工では板材を加工するのに対し、鍛造ではビレット素材（加工に適した寸法にされた金属塊）などを加工します。

板鍛造は、金属薄板を素材として加工する点ではプレス加工と同じですが、製品の板厚が被加工材と比較してあまり変化しない通常のプレス加工に対して、局部的に鍛造要素を取り入れて板厚を積極的に変える点は、鍛造加工に似ています。そのことは、前方押出し加工や後方押出し加工、複合押出し加工、据え込み加工など、鍛造加工の手法を利用していることからも伺えます。ただ、板鍛造では金型の負担が大きくなるため、これに耐えうる高剛性・高精密な金型の製作と高剛性のプレス機械が求められます。

板厚が一部分異なる製品例を見てみましょう（図8-3-1）。元の板厚と比べると、板厚が薄くなっている箇所があります。製品は穴あけやブランキング、切り欠きなどプレスによる工法で加工されていますが、一部に据え込み加工を行うことで、板厚を減少させています（図8-3-2）。**据え込み加工**は材料を長さ方向に圧縮して面積を広げる加工法で、鍛造の手法です。

寸法精度は、材料特性やわずかな加工条件で変化するため、据え込み加工された部分の一部をせん断することで、製品精度を確保する方法がとられています。

図 8-3-1　板鍛造の製品例

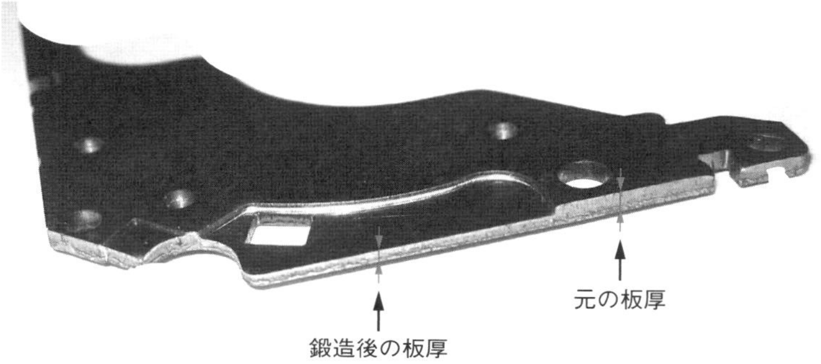

図 8-3-2　板鍛造の加工例

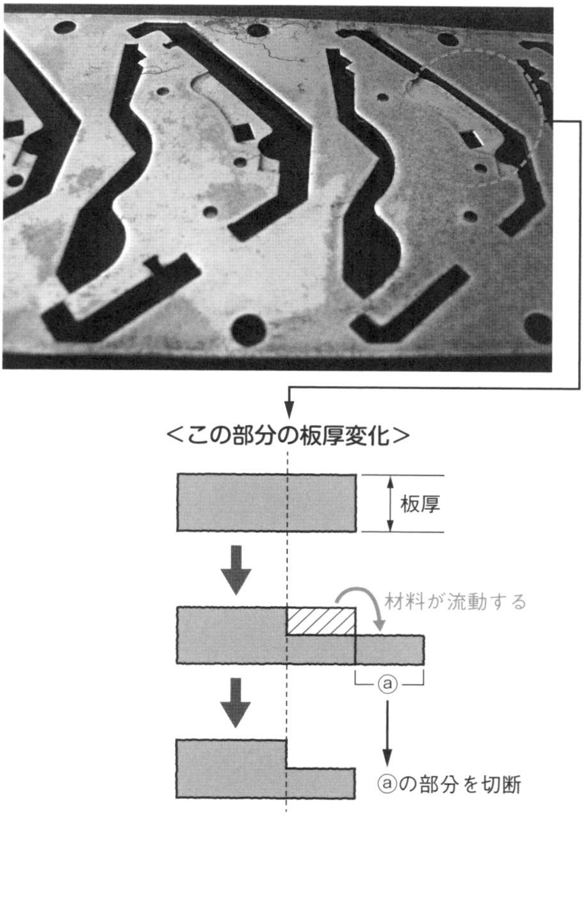

8-4 ホットスタンピング

自動車部品関連を中心に、最近では高張力鋼板（ハイテン）を素材としたプレス加工が増えています。p.70で解説しましたが、**高張力鋼板**を通常のプレス加工法で成形すると所望する品質が確保できないばかりか、金型寿命の低下、スプリングバックの増大〈➡ p.108〉、割れ・しわ・遅れ破壊など、さまざまな不具合を生じかねません。通常のプレスは、常温の被加工材を加工する冷間成形で行われています。

金属には加熱すると延性が増し、成形が容易になるという特性があります。一般的に、鋼材は再結晶温度以上（結晶の中で新たな結晶粒の核が生じ、それが成長し、結晶粒が新たに置き換えられる現象が始まる温度が**再結晶温度**）に加熱すると、柔らかくなって加工しやすくなります（図8–4–1）。

この特性を活用するため、被加工材を加熱してプレス加工する**ホットスタンピング**（熱間プレスやホットプレスとも呼ばれます）が登場しました。ホットスタンピングは高張力鋼板や**超高張力鋼板**（**スーパーハイテン**）を熱間加工温度域で成形するプレス加工法です。

●加熱・急冷するプレス加工法

ホットスタンピングは、被加工材を変態温度（結晶構造が変化する温度）以上に加熱して成形します。

金属は結晶構造が変わると性質も変わります。加熱により素材の結晶構造はオーステナイトに代わって加工性が向上します。実際のプレス加工現場では、加熱してプレスし、その後急冷しています。急冷による焼入れ効果で硬度はさらに高まります。

この急冷法は、ダイ（die：金型）に被加工材が挟まれた状態でクエンチ（quench：急冷し焼入れする）することから、**ダイ・クエンチ**（Die quench）と呼ばれています（図8–4–2）。

ホットスタンピングの特徴は、以下のとおりです。

・難成形材の加工に優れています。

・製品の強度が高められます。
・加工品の残留応力が少ないことから、遅れ破壊を減らすことができます。

図 8-4-1　鋼材の加工温度と特性

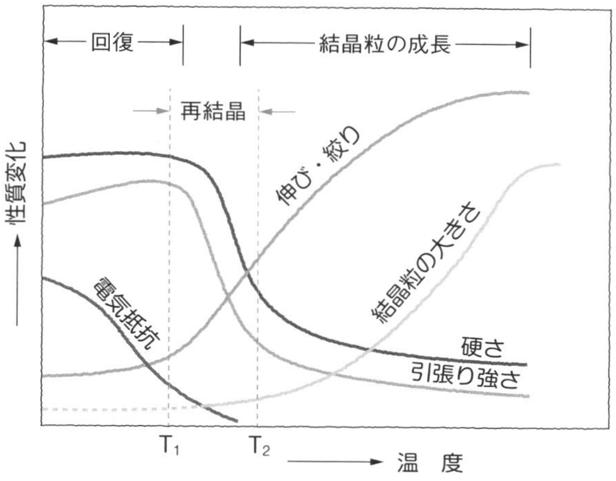

図 8-4-2　ホットスタンピング

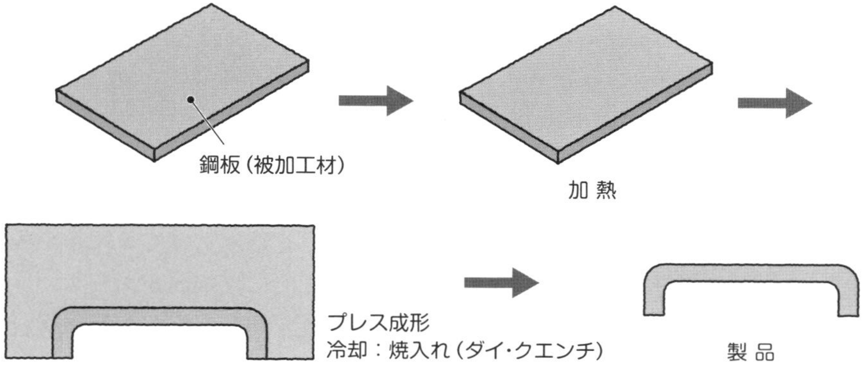

特徴
①難成形材の加工に優れる
②製品の強度を高めることができる
③遅れ破壊を減らすことができる

8-5 3Dプリンタ

プレス加工では三種の神器とも目される**金型**は、製作に長い時間を要し、高価格なことが以前から指摘されています。かつての少品種大量生産の時代では、高品質で大量生産が可能という金型の長所が短所を打ち消していました。ただ、多品種少量生産がこれまで以上に見込まれる現在では、生産数が100～1000個程度なら、より安価に短時間で制作できる金型が望まれます。その可能性をもつ技術のひとつとして、**3Dプリンタ**が注目されています。

●3Dプリンタの将来性

3Dプリンタの技術原理ができ上がった当時は、積層造形法（ラピッド・プロトタイピング）といわれ、試作品を高速に造形する技術として誕生しました。その後、価格や精度においても生産現場での利用が可能になり、新たな加工法として広く認知されました。その際、従来の加工法と大きく異なることから、除去加工（切削加工など）や変形加工（プレス加工など）と独立させて、付加加工（Additive Manufacturing）と新たに定義されました。現在では、3DCAD（3次元CAD）や3DCG（3次元CG）などのデータをもとに立体（3次元の製品）を造形する機器を3Dプリンタと呼び、AM/3Dプリンティングと表記することがあります。

一般的な原理は、①液体樹脂に光を当てながら少しずつ硬化、②一定の温度で熱溶解させた樹脂（金属も含む）を積み重ねる、③粉末状の材料に高出力レーザを照射し焼結、などの技法により、材料を積み上げて立体物を成形します（図8-5-1）。多くが樹脂材料のため、強度的には課題があります。しかしながら、現在では、樹脂に強度を増すためにガラス繊維との複合材料・金属材料の成形が可能な段階です。

これらには、2次的な効果も期待できます。たとえば、曲げ加工では従来の金型による傷が防止できます。被加工材と金型の材質が全く異なることで、金属間での衝突が生じません。絞りやエンボス加工を行う際に発生してしまう変形にも効果的です。さらに、成形傷が発生しづらいため、あらかじめめっき処理や塗装処理が施された材料をプレス加工することも可能です。また、金型の磨きやプレス加工油などを必要としないプレス加工も可能です。

上記のように3Dプリンタの特徴から、型内へのプラスチックの埋め込みや金型の断面を切断した鋼板を重ねることによる簡易的な金型も考えられます（図8-5-2）。

図8-5-1　AM/3Dプリンタの原理

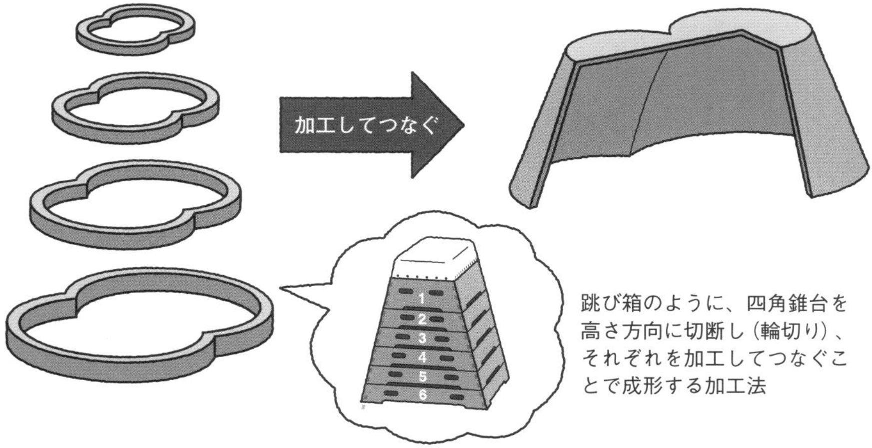

図8-5-2　3Dプリンタから派生するプレスブレーキ用金型のアイデア

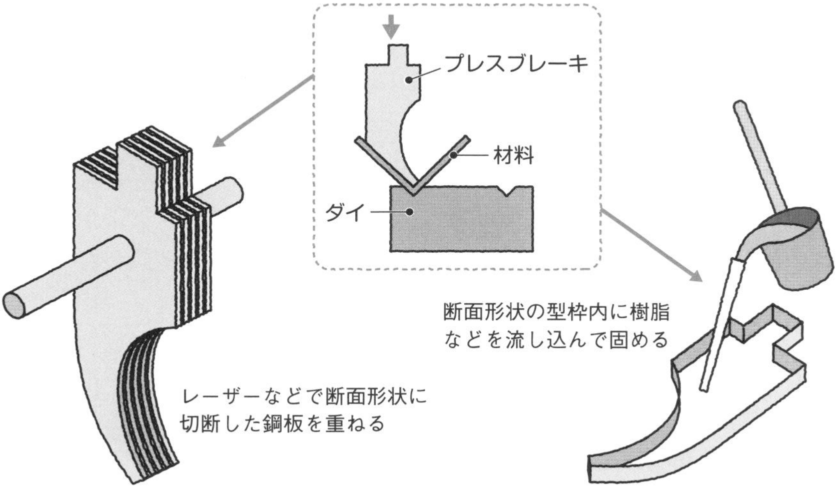

8-6 IoTに必要な「現場力」

IoTはInternet of Thingsの略語で、日本語ではモノのインターネットと訳されていることはご承知のことと思います。インターネットは、メールや検索、SNS（Social Networking Service）などを実現するために個々のコンピュータネットワークを相互接続した情報通信網です。つまりIoTは、モノがインターネットのつながりに仲間入りすることです。ここでいうモノとは、機械のことだけでなく、自然現象や生物の行動情報までも含んでいます。

これらのモノは、動きや変化から刻々と膨大な情報を発信しています。これらの情報をつなげるためには、デジタル化（数値化）が必要になります。そのために、見ることや聞くこと、触ることができる情報はもちろんですが、それらができない情報もセンサーなどを利用してデジタル化する必要があります。さらに、結果を可視化することで問題解決の糸口が見つかるようになります。IoTは、従来のように人間がパソコンを使用して入力した情報はもちろんですが、モノに取り付けられたセンサーが人手を介さずにインターネットを通して情報発信することです。つまり、モノとモノとが人を介することなくつながります。

●IoTでプレス加工現場は様変わりするか

IoTにより、プレス加工の現場は様変わりする可能性があります。たとえば、これまで熟練度が要求され、技術の習得に長い期間をかけなければならなかったものが、IoTを活用することで短期間に技術を共有できるようになるかもしれません。ただそれを可能にするためには、プレス加工全般にわたるデジタル化が必須になると思われ、ひいては「現場力」が問われていくことになるでしょう（図8-6-1）。

プレス加工の現場では、IoTの仲間に何を加えるか、コンピュータは教えてくれません。プレス加工で生産される製品の良し悪しについて、その要因が何であるかは、現場で作業に携わっている人たちの五感を通した「発信力」に頼らざるを得ません。そして、とかく感覚的になりやすいこの現場発信力をできる限り「プレス加工の原理・原則」に基づいた論理的な発信力に変えていく必要があります。

良いことづくしのように考えられる AI や IoT ですが、プレス加工の現場においては、作業に関わる人たちの進化をより効果的に支える「道具」であるにすぎません。この道具の有効性を最大限引き出せるかどうかは、結局私たち自身の考え方と行動にかかっているのだということを再認識していただきたいと思います。

図 8-6-1　現場力＋IoT による現場の変化

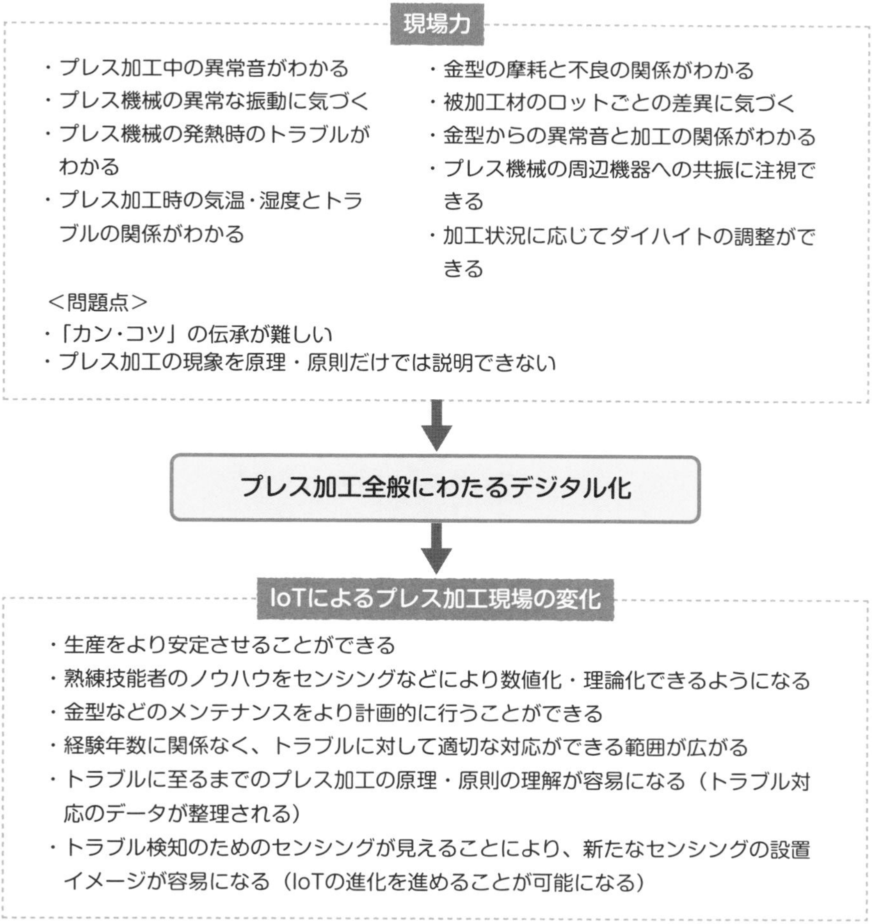

ものづくりの現場で必要なこと

「ものづくり」とは、ある機能を有する「もの」の形状を「つくる」ことと見なせます。この考え方でいえば、プレス加工の現場では、図面の寸法を満足させる形状に、ある機能を与える「もの」を作っていることになります。

多くのプレス加工品は、製品設計、資材調達、金型設計、生産技術、品質管理、梱包運送などの工程を経て生み出されて出荷されており、これらに関係するすべての人々によって支えられています。それぞれの人の立ち位置が異なっているとしても、全員が同じ方向に向かって進むことでより良いプレス加工品ができ上がるのです。

上記の各工程の仕事内容は違っていますが、自分が受けもつパートの前後の工程を全く知らない状態では、工程が重なり合う領域に空白が生じ、不良品を生む原因ともなりかねません。本来は「知っている」だけではなく、前後の工程との境界領域を有効に活用したいところですが、現実には難しいようです。

●セクションどうしの連携を共通言語で図る

たとえば、プレス加工の現場で使い難い金型があったとします。この場合、そのことについて金型設計セクションと話し合いをするべきですが、ベテラン技能者が現場レベルで変更を加えて、生産を行っているということがあります。これをしてしまうと、現場レベルで工夫していることが金型設計セクションに伝わらず、その後の金型設計に生かせないことになり、ひいては社内のAI化、IoT化の基盤データの積み上げが難しくなります。

このような無駄をしないためには、会社全体、少なくとも境界領域に位置する人々が「共通言語」をもつことが必要です。自らの考えを伝えるための共通言語とは、プレス加工の原理・原則です。これを社員教育・人材育成などによりしっかりと身につけたプレス現場の人が、金型に関する共通言語で考えて問題点を金型設計に伝えます。逆に金型設計の担当者は、プレス作業に関する原理・原則によって現場の提案を理解することが可能になります。

このような流れで積み重ねられたプロセスや結果が、他社がマネすることができないオリジナリティあふれるAIシステムやIoT構築の源泉になるのではないでしょうか。

用語索引

英数

ア行

カ行

サ行

タ行

ナ行

ハ行

マ行

ヤ行

ラ行

ワ行

■参考文献

◉『プレス加工大全』吉田弘美著　2015 年　日刊工業新聞社

◉『絵とき プレス加工用語事典』山口文雄著　2015 年　日刊工業新聞社

◉『プレス加工の品質向上と品質管理～抜き、曲げ、絞りの品質を究める！』吉田弘美著　2014 年　日刊工業新聞社

◉『トコトンやさしい プレス加工の本』山口文雄著　2012 年　日刊工業新聞社

◉『絵とき プレス加工の基礎のきそ』吉田弘美著　2006 年　日刊工業新聞社

◉『実用プレス成形技術』澤畠孝成著　1991 年　日刊工業新聞社

◉『プレス加工と型技術』太田哲著　1990 年　日刊工業新聞社

◉『薄板のプレス加工』中川威雄・阿部邦雄・林 豊著　1977 年　実教出版

■著者紹介

小渡　邦昭（こわたり　くにあき）/塑性加工教育訓練研究所代表

1954 年東京生まれ。1978 年職業訓練大学校塑性加工科卒業、特殊法人雇用促進事業団入団（現、独立行政法人高齢・障害・求職者雇用支援機構）。

以後、宮城技能開発センター、中央技能開発センター、高度技能開発センター、千業職業能力開発短期大学校、東海職業能力開発大学校、高度職業能力開発促進センターで公共職業訓練（在職者、学卒訓練）に従事するほか、海外技術協力でフィリピンでの職業訓練（金属加工）【JICA（国際協力事業団）出向】にも従事。

2015 年高度職業能力開発促進センター素材生産システム系嘱託職業訓練指導員。

2017 年 12 月現職。技術セミナー講師、海外技術協力専門家等に従事。

〈主な編著書〉

『プレス作業　ここまでわかれば「一人前」』日刊工業新聞社（2009）

『板金作業　ここまでわかれば「一人前」』日刊工業新聞社（2013）

『プレス加工「なぜなぜ?」原理・原則手ほどき帳』日刊工業新聞社（2015）

●装　　　　丁　中村友和（ROVARIS）

●作図＆イラスト　糸永浩之

しくみ図解《ずかい》シリーズ

プレス加工《かこう》が一番《いちばん》わかる

2021年5月13日　初版　第1刷発行

著　　者　小渡　邦昭

発 行 者　片岡　巖

発 行 所　株式会社技術評論社

東京都新宿区市谷左内町21-13

電話

03-3513-6150　販売促進部

03-3267-2270　書籍編集部

印刷／製本　株式会社加藤文明社

ISBN978-4-297-12012-2　C3053

Printed in Japan

本書の内容に関するご質問は、下記の宛先まで書面にてお送りください。お電話によるご質問および本書に記載されている内容以外のご質問には、一切お答えできません。あらかじめご了承ください。

〒162-0846

新宿区市谷左内町21-13

株式会社技術評論社　書籍編集部

「しくみ図解シリーズ」係

FAX：03-3267-2271